敢达创战者 炎之敢达模型制作TRY

GUNDAM BUILD FIGHTERS
HONOO-NO GUNPLA KYOUKASYO TRY

U0317487

前言

大家好，我是JUN Ⅲ。

大家还在快乐地制作着敢达模型吗？

在这本《敢达创战者 炎之敢达模型制作指南TRY》中，当然少不了我的详细图解制作指南单元。

除此之外，还满载了多位炙热模型师们的自制敢达模型，可说是一本向TRY发起挑战的敢达模型"制作指南"。

各种各样的实际范例和与范例相对应的各种奇思妙想，一定会成为你在制作属于自己的敢达模型时的参考。

敢达模型、工具、材料、制作方法等等，从中选择适合自己的东西并融入自己的模型制作当中，不正是模型制作的乐趣所在吗！

你已经准备好自己喜爱的敢达模型了吗？

无论何时都要保有一份挑战之心啊！

来吧，让我们一起进入敢达模型对战的快乐时光吧！

~ Please set your GUNPLA？ ~

笔刀

▲大家所熟知的美工刀，刀口锋利，适合用于精密作业。刀刃为可替换式，勤换刀片是熟练使用的关键。上图为爱利华笔刀替换刀片30片装（740日元）。

模型用凿

▲模型用的小型凿子。可用于雕刻下陷的面或用于加工笔刀无法放入的部位。其他还有圆形及三角形等，可根据不同用途选择使用。上图为WAVE的HG窄幅平刃雕刻刀，刃幅3.0mm（750日元）。

水口钳

▲塑胶模型的零件都收纳在一个被称为零件框的框架上，将零件从被称为水口的连接部位上剪切下来时使用的工具就是水口钳。水口钳价格不一，薄刃的水口钳（2000日元左右）比较锋利，能够使制作过程顺利进行。WAVE的HG金属线用水口钳（2.0）（1480日元）等金属线用水口钳主要用于剪切零件框等有厚度的部位。

尖嘴钳

▲用于折弯金属线或剪断零件基部的黄铜线。除了用于处理金属线之外，还可用于剪切宽度比较小的塑胶板，只需夹住塑胶板的切痕处，轻轻折弯即可将塑胶板剪切下来。其实际用途非常广泛。上图为角田迷你尖嘴钳（1192日元）。

苯乙烯胶水

▲粘贴苯乙烯零件时基本都使用这种胶水。专用刷毛与盖子连成一体，可在瓶口调整好用量后再使用。上图为GSI Creos的Mr.CEMENT DX（经济型）（180日元）。

瞬间黏合剂

▲瞬间黏合剂主要用于粘贴零件，也可用于代替补土填补透明零件的缺口部分。在某些湿度下可因湿气而引起表面发白的"白化"现象，因此用于透明零件时需要特别注意。上图为WAVE瞬间黏合剂×3S 快干型2g×3支装 微型管口2支装（450日元）。

锉刀/砂纸

▲锉刀是改变零件形状时的必需品，稍微按压即可造成切痕，因此在使用时注意不要太过用力。上图为TAMIYA基础锉刃套装（600日元）。砂纸的数字表示支数，数字越大的砂纸越细（100日元左右起）。为了打磨出平整的平面，可用带有平面的物体充当夹板，市面上也有发售塑胶材质或硬质泡沫的专用夹板。

模型划线针

▲可雕刻出清晰的刻线的雕刻工具。上图为长谷川的模型划线器（1300日元）。制作敢达模型时主要用于对刻线细部造型进行加工。发售了很多不同形状的款型，能够雕刻出更加准确的纹路（600日元~1200日元左右）。近年来也发售了不少高精度的刻线推刀和锥子，但划线器虽然精度不算太高却也价格亲民，可根据自己的技术选择使用。

蚀刻片锯

▲厚度极薄的模型用锯，用于切断零件。种类丰富，有夹在美工刀内使用的款型（200日元左右起）及有专用握柄的款型等。由于锯子很小、厚度很薄，因此在使用时须小心谨慎，避免折弯。

针手钳

▲能够给模型钻出直径均一的孔的工具，可替换不同直径的钻头。图为针手钳5支套装（1200日元）。可多次使用时都替换钻头，使用方便，是一款钻头与握柄一体化的针手钳。

镊子

▲前端很细，可用于夹取过薄或较脆弱的零件，适合精密作业。在模型制作中，可充分发挥其特性，将其用于细小零件作业或用于粘贴贴纸。价格约100日元起，不过比较推荐1050日元~1575日元左右的精密作业型。图为TAMIYA的精密镊子套装（直嘴型）（1200日元）。

塑胶板/塑胶棒

▲塑胶板是与敢达模型一样由聚苯乙烯制成的薄板状素材。其特点是可使用塑胶模型用胶水轻松粘贴，剪切加工等也很容易完成，目前发售有截面形状及大小不同的各种特殊商品，种类丰富。厚度也多种多样，包括0.3mm、0.5mm、1mm、1.2mm等，也有上图那种在作业时比较容易确认表面伤痕的灰色塑胶板。图中为WAVE的"灰色塑胶板 0.3mm、0.5mm、1.0mm 3种厚度的2张套装"（各380日元）。图中的"TAMIYA塑胶板套装（3种5张装）"（420日元）包含了3种不同厚度（0.3mm、0.5mm、1.2mm）的普通素材。有了这些素材，制作模型时的自由度就能得到大幅提升。塑胶棒与塑胶板相同，也是由聚苯乙烯制成的素材，其特点也同样是可使用塑胶模型用胶水轻松粘贴，剪切加工也很容易完成。图中为EVERGREEN的塑胶平棒1.0mm厚4.0mm宽（500日元）。1：144比例敢达模型的关节软胶零件直径大多为3.2mm，在重新制作轴或进行涂装时使用起来很方便。

曲尺

▲弯曲为L形（90度）的不锈钢尺。主要用于裁剪塑胶板。是裁剪直角等要求高精度的作业中必不可少的工具。也可用于在塑胶板的箱组或层积作业中进行直角测定。图为亲和牌小型曲尺（550日元）。

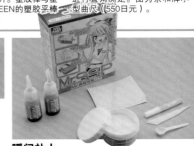

精密游标卡尺

▲可测量"外宽、内宽、深度"三种尺寸的测量仪器。也可用于在塑胶板等素材上画出宽度一定的划痕。虽然价格不菲，但如果要进行塑胶板作业或自制模型的话，游标卡尺是一件必不可少的工具。图为TAMIYA精密游标卡尺（3000日元）。

原子灰

▲在主料中混入了硬化剂的补土。与标准的原子灰相比，它在硬化时发出的臭味会少一些。气味与光硬化补土比较相近。不过无论如何它都是原子灰的一种，在进行作业时必须要注意通风。图中是V-BU补土革命 MORIMORI淡味型40g（1200日元）/120g（1980日元）。

AB补土

▲将两种补土混合起来使用的素材。由于流动性很低，因此很容易在硬化前塑型。硬化后可用锉刀等修整形状，可广泛用于改造及细节提升等领域。敢达模型等可动模型如果重量过重会给可动部造成负担，因此使用"轻量型"可相对地减轻可动部负担。上图为WAVE·AB补土（轻量型灰色）（980日元）。

瞬间补土

▲一种将粉末状的主剂与液体状的硬化剂混合后使其硬化的补土，快的话十几秒即可硬化。特点是硬化后不收缩，如果能熟练使用的话能使作业效率大幅提升。上图为GSI Creos Mr.SSP（瞬间补土）（1760日元）。

近年来的敢达模型系列，特别是本书主要讲解的"HG系列"已实现了设计考究的比例和可动机构。即使是细部造型也进行了零件分割，并且零件采用了子母扣连接方式，无须粘贴剂也可组装模型。由于这种方式的运用，模型即使直接组装也可实现近乎设定分色的高完成度。熟悉敢达模型的资深玩家自然不在话下，即使是刚开始制作敢达模型的年轻玩家层也可享受拼装模型的乐趣。但是，如果想制作得更加精良，那么使用各种工具就是一条不错的进步捷径。接下来就为各位从在制作过程中大有用处的各种工具中挑出重点工具进行介绍。

之后将通过范例模型为各位介绍从敢达模型的基本制作方法到制作原创模型时必不可少的实践技巧和制作诀窍等各种知识。

手套
▲在制作模型时，有些材料可能会引起过敏症状。制作时请务必戴上手套保护自己的双手，即使选用一次性手套也可以。上图为聚乙烯塑料手套80只装（100日元）。

硅胶
▲将硅胶与硬化剂混合后倒入有零件的模子内，硬化后即可制成简模。作业时要注意通风换气。型模是橡胶材质，因此复制的零件很容易取出。上图为WAVE·硅胶 1kg装含10g硬化剂（3980日元）。

细节提升零件
▲以敢达模型用官方改造零件"制作家零件HD"为首，各公司都发售有各种形状的细节提升用通用零件。这些零件当然可以直接使用，也可自行改造，例如用喷射口组装出颈部零件等，根据不同的思路可以有不同的使用方法。塑胶材质的零件约300日元左右就能入手。

敢达马克笔
▲GSI Creos发售的敢达模型用马克笔系列。图中的"敢达马克笔拟真质感马克笔"是水性染料涂料笔，可以轻松营造出晕染效果，除5色+晕染笔的6支装（每套1200日元）外还发售了单色版（每支200日元）。可用于为各关节部入墨线，以避免零件劣化。

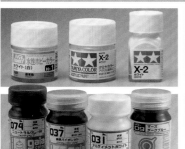

模型用涂料
◀GSI Creos的"Mr.Color"（160日元起）拥有丰富的品种，作为一种容易入手的敢达模型用涂料是长久以来一直倍受青睐的喷漆式涂料。目前发售有"Mr.Color超级金属漆"（600日元起）、可真实重现镀膜金属光泽的"镀银NEXT"（900日元）以及专为敢达模型涂装而设计的"敢达涂料"等多种专用商品。堪称水系涂料代表的"水性HOBBY COLOR"（150日元）可用水稀释和清洗，涂料中的溶剂也很温和，是一种安全性很高的涂料，很适合初学者使用。由于珐琅漆即使使用量很少也有很强的着色力和扩展力，因此近年来多用于涂装细部零件。由于不会腐蚀喷漆或水系涂料的涂层，因此范例中大多会采用"入墨线"的方式来强调部分涂装和刻线。涂料方面需要注意的地方很多，熟悉把握各种涂料的特性是进步的捷径。※涂装"ABS树脂"零件时涂料会渗透到树脂中，使零件变得脆弱、容易破损。涂装前请仔细阅读说明书和零件框上的标识，避免对"ABS树脂"零件使用涂料。

稀释剂
▶涂料如果一直保持包装瓶的状态的话浓度会过高，这时用来将涂料调节至适当浓度的就是稀释剂。目前发售的有喷漆、水性、珐琅漆等各种涂料专用的稀释剂（150日元起）。不可混用非同系统的稀释剂）。此外还发售了多种专用商品，如为配合喷枪涂装而设计的Mr.LEVELING稀释剂（300日元起）、可有效清除附着在画笔、喷枪上的涂料的"工具清洁剂（特大）"（1500日元。由于该商品会破坏底层涂料成分，因此不可作为稀释剂使用。而且该商品可能会腐蚀底层涂装，因此不可作为剥落剂使用）等。

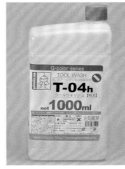

入墨线用涂料
▲珐琅漆不会腐蚀喷漆或水性涂料的涂层，很多范例便充分利用这一特性，将其稀释后用于强调细部造型的"入墨线"。TAMIYA的入墨线涂料（各360日元）已经稀释过，可轻松入墨线，利用率很高。

瓶装底漆补土
▶GSI Creos的Mr.SU-RFACER1000（300日元）。底漆补土色调为灰色，是一种可用于修补零件上的伤痕、凹凸不平处或用于消除新改造好的零件上的气泡或缝隙的打底修复涂料。根据颗粒大小可分为500号、1000号、1200号，除了瓶装的之外还有罐装喷雾式（400日元~600日元）。除此之外还有很多诸如GSI Creos Mr.BASEWHITE1000（300日元）这种可用于遮盖力较弱的红色或黄色增强色彩的涂料。

调色棒
▲TAMIYA调色棒2支套装（300日元）。可用于搅拌瓶装涂料或用稀释液稀释涂料时进行搅拌。有时也可用双面胶将砂纸贴在调色棒的平整面后将其用于对狭窄的部分进行整形。

画笔
▲最基本的塑胶模型涂料工具（100日元起）。在对细部进行涂装时尤为有用，大体分为平笔、细（圆）笔、面相笔等。由于其易用性与价格成正比，因此推荐选用相应价格的商品用起来会比较顺手。

遮盖胶带
▲在分别涂装多种颜色时用来贴在模型表面以保护底层颜色的纸质胶带。粘贴性不强，不会剥落底层漆膜，可轻松进行分色处理。图中的TAMIYA遮盖胶带（250日元~350日元）为盒装，有6mm~18mm不同宽度，除此之外目前市面上已有种类丰富的遮盖胶带在售。

涂料盘
▲涂装时不能将涂料直接倒出来使用，一定要倒在涂料盘里，用专用的稀释剂稀释至适宜浓度之后再使用。这时使用金属材质的专用涂料盘就会很方便（100日元10个装）。

喷枪、空气压缩机
▲要整洁均一地进行大面积涂装时必不可少的涂装工具。喷枪价格范围广泛，3000日元~15000日元不等，可根据预算及用途进行选择。空气压缩机的价格在9000日元~90000日元不等，绝非价格低廉的工具，但使用它来进行涂装的话表现力会得到大幅提高。图中为Mr.LINEAR COMPRESSOR L5 调压器/白金套装（52000日元）。

零件的剪切方法与水口部分的整形

不仅是敢达模型，所有塑胶模型套件都有必须由玩家自己动手完成的部分，从零件的剪切到整形、组装。不过，"剪切零件进行组装"这一过程本身多为难易度很低的操作。这一单元我们就先来重新认识一下这些基础步骤的重要性。

▲以敢达模型为首的塑胶模型在成型阶段就将所有零件都收纳在一个零件框内，而每一个零件上都有塑胶材料液体流过的通道，我们将其称为水口。首先用水口钳剪下零件，注意在零件上保留一小部分水口。

▲如果一口气就直接剪下零件的话很有可能会伤到零件。这一步是需要注意的地方。如果打算分两次剪下零件的话保留图上所示的水口会比较好。

▲将水口钳紧贴零件水口处，与零件保持平行，剪下残留的水口。剪切时水口钳与零件之间一定不能有角度，否则容易伤到零件。

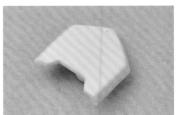

▲整形完毕后的状态。这样就展现出了零件原本的形状。经过前面这些步骤的修整，即使只用水口钳也能将零件的完成度提升到肉眼可确认的程度。

▲平时都是推荐上面介绍的那种用水口钳在保留少许水口的位置进行剪切的方法，但如果以要进行上涂装为前提的话大多会将水口钳和锉刀结合使用。首先在靠近零件的一端剪断水口，将零件剪切下来。这大是为了便于同时对水口部分和零件表面进行处理。零件越多剪切的部分也越多，这么做是为了缩短作业时间。

▲用市售的做成夹板状的砂纸对残留的水口处及周围进行整体打磨。砂纸选择400~600号的为佳，之后以1000号前后的砂纸来收尾。若需提高光泽度，则需要用更细的砂纸来抛光。

▲近年来的敢达模型也开始使用抗氧化性高的塑胶材料。这种零件的剪切方法也与刚才介绍的方法相同。

▲如果是耐磨性高的塑胶材料制成的零件的话，由于材质质地柔软，因此推荐用锋利的笔刀慢慢削薄水口。用砂纸进行打磨时推荐使用800号左右的细砂纸。

▲耐磨性高的塑胶材质在剪切水口和消除接缝时也要考虑到零件的柔软性，与一般塑胶材质零件的作业方法基本相同。ABS材质的零件由于质地比较硬，因此推荐配合使用砂纸。

▲由于塑胶模型是用金属模具制作成型的，因此塑胶模型的零件上会出现由金属模具的分割线造成的高低差或凸出部分，我们将其称为"分模线"。图中的红线部分就是分模线。制作时需要将其削掉，让零件恢复原本的面貌。

▲手指等有细部造型上有凹凸的部分在处理时先将笔刀垂直于零件表面，然后像使用刨子一样一点一点地进行削减。作业时注意不要削坏细部造型。收尾时用砂纸进行打磨。

▲若遇曲面则将砂纸对折后贴合零件表面进行整形。平面部分则用制成夹板状的砂纸一点一点削掉分模线，同时也能对平面进行修整。制作时可像图中那样使用带夹板的砂纸。但要注意保留边缘的棱角，不能将棱角磨圆。

▲零件整形完毕后的状态。分模线是制作时容易漏掉的部分，模型完成后如果分模线还在的话会格外显眼。因此在进行涂装前应先给零件喷上底漆补土，仔细检查，找出尚未处理的部分。

零件整形的基础与零件的连接和连接面的整形

以敢达模型为首的射出类套件由于制造方法的原因，套件有些部分需要进行"缩胶与分模线的整形"以及"细部造型的复活"等作业。这是射出类套件都无法逃脱的宿命，并且金属模具成型时也有无法完全重现的部分。不仅如此，如果要仔细地制作到涂装前那一步的话，零件的连接也是无法省略的。如果想令模型更加接近自己理想中的形象的话就必须掌握"增幅、减幅"等技术。这些可以说是改造工作的第一步吧。基本作业也是非常重要的步骤，希望各位在作业时能多加注意。

▲塑胶模型的零件上会有一些被称为"缩胶"的小凹陷。如果直接这么观察零件的话倒是不容易发现，但在零件内侧安装上卡榫、连接轴、加强筋等零件之后塑胶材料质地变厚的部分就会比较容易看出来。这些部分一定要事先仔细检查。图中深蓝色部分就是凹陷的部分。

▲首先用比较容易磨损塑胶材料的400号砂纸对零件进行削减、整形。磨掉缩胶部分后用600~1000号的砂纸进行打磨，渐渐消除400号砂纸在零件表面留下的伤痕。

▲消除缩胶痕迹后的状态。表面细微的凹凸消失了，零件恢复了原本的形状。消除缩胶的时候要注意不要磨掉边缘棱角或破坏零件细部造型等。

▲由于塑胶模型是用金属模具制作成型的，因此塑胶模型的零件上会出现由金属模具的分割线造成的高低差或凸出部分，我们将其称为"分模线"。图中的红色部分就是分模线。制作时需要将其削掉，让零件恢复原本的面貌。

▲若遇曲面则将砂纸对折后贴合零件表面进行整形。平面部分则用制成夹板状的砂纸一点一点削掉分模线，同时也能对平面进行修整。制作时可像图中那样使用带夹板的砂纸。但要注意保留边缘的棱角，不能将棱角磨圆。

▲零件整形完毕后的状态。分模线是制作时容易漏掉的部分，模型完成后如果分模线还在的话会格外显眼。因此在进行涂装前应先给零件喷上底漆补土，仔细检查，找出尚未处理的部分。

▲近年来的敢达模型设计都很优秀，几乎没有接缝，但有些零件无论如何也会产生接缝，例如武器零件。这时就先用苯乙烯树脂胶水在连接面上涂上厚厚一层。

▲涂上胶水之后将零件牢牢地连接在一起，胶水会溢出，但不必在意，保持原状就好，因为胶水在这时充当了填补零件之间的缝隙的AB补土的作用。

▲放置3天~1周，待胶水完全干燥后用400号左右的砂纸消除接缝。消除平面部位的接缝时使用夹板状的砂纸的话还可以同时兼顾平面的打磨，能够提高作业效率。

▲消除接缝后的状态。连接面的干燥需要不少时间，因此在作业一开始的时候就先将所需要连接在一起的话能够提高作业效率。需要注意的是，如果干燥不充分的话完成后接缝还是会显现出来。

▲由于成型方面的原因，套件零件的一些部分的刻纹会变得比较浅显。例如图中的大腿零件的近髋侧的纹路就是这样。这时我们可以使用微孔针沿着原本的纹路重新雕刻出刻纹。作业时的窍门在于轻轻地反复刻画。

▲如果就这样直接使用的话会有毛刺，因此用砂纸进行打磨。纹路中的碎屑要及时清理。

▲刻纹修整完毕后的状态。重现出了均一的纹路。如果想在一定程度上加深纹路时，可以使用锉刀或笔刀进行修整。根据具体情况使用适宜的工具是使作业过程顺利进行的诀窍。

《初级篇》保留零件成型色，
来试着制作HG创制燃焰敢达吧！

BG-011B
BUILD BURNING GUNDAM

BANDAI 1:144 scale plastic kit "HG BUILD FIGHTERS"
modeled by Teppei HAYASHI

在学习了基本作业方法后，终于到了用套件实际动手制作的实践篇了。首先登场的是初级篇课题"HGBF创制燃焰敢达"。该套件中附带了创制燃焰敢达全身的粒子放出部零件和火焰特效零件等，是一套使用了很多透明零件的套件。本单元我们将教授大家一种让透明零件看起来效果更好的方法。立刻就开始动手制作吧。TRY FIGHTERS队，GO FIGHT！

CUSTOMIZED BASE MODEL

BANDAI 1：144比例
塑胶套件
"HGBF"

BG-011B
创制燃焰敢达

制作/林哲平

HGBF 创制燃焰敢达
●发售商/BANDAI HOBBY事业部 ●1400日元，发售中 ●1：144，约12cm ●塑胶套件

稍作加工便可令透明零件闪亮夺目！

透明零件即使保持原状也很漂亮，但如果在内侧安装可反光的物品的话会使零件更加美观。

▲HGBF创制燃焰敢达的肩头、前臂和小腿使用了透明零件。这些部分贴上市售的箔面胶带后美观度会大幅提升。为了使透明零件看起来更加美观，用笔刀仔细削掉连接轴吧。

▲削掉连接轴后粗略地贴上箔面胶带，然后用牙签沿细部造型将胶带压紧。零件形状浮现出来之后用笔刀在多余的部分划上划痕。这一步中要注意避免削掉必须的部分。划完划痕后用大头针慢慢分离多余的部分。

▲最后再安装上透明零件就完成了。这样就能使零件反光，看上去就像帕拉夫斯基粒子散发出的光芒一样。

火焰特效零件通过入墨线来提升质感！

正如各位所知，实际的火焰并非单色。这时我们通过入墨线来为零件增加阴影，以此来大幅提升零件质感。

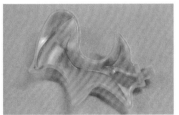

▲HGBF创制燃焰敢达内附带各种特效零件。既然通过前面的作业步骤让本体帅气了起来，那接下来也让特效零件更加帅气吧。这次我们使用拟真质感马克笔来入墨线，以提升零件的质感。颜色使用的是比成型色略深一些的拟真质感红色1。

▲溢出的墨线用橡皮擦或纸巾轻轻擦拭。特效零件与本体不同，多少残留一些溢色部分会更有感觉。

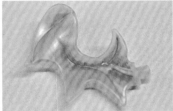

▲入墨线完成后的状态。凹槽部分残留有涂料，使立体感得到了强调，质感也大幅提升。

▲特效零件入墨线后质感得到提升，与套件素组（左）进行比较也能一目了然地看出经过处理的特效零件更有感觉。

▲与套件素组（左）进行比较，可以看出透明零件反光，给人一种帕拉夫斯基粒子在闪耀的感觉。

◀◀由于保留使用了零件成型色，因此不必担心表面涂装的刮擦，能够随心摆出大胆的动作，这就是简单制作法的优势所在。使用另售的动作底座2就能一一重现世海的次元霸王流的各种帅气招式。

《中级篇》用光泽涂装，让HG TRY燃焰敢达燃烧得更加炽热！

TBG-011B
TRY BURNING GUNDAM

BANDAI 1:144 scale plastic kit "HG BUILD FIGHTERS"
modeled by Teppei HAYASHI

　　好不容易让透明零件的效果看起来更好了，所以也想让本体看起来更漂亮。为了帮助各位实现更加高远的目标，接下来为各位送上中级篇光泽涂装教程，我们将以"HGBF TRY燃焰敢达"为例，对模型进行透明喷涂。本次使用的是透明红、珠光白和银色这3种颜色。将3种颜色分别喷涂在适宜的部位即可使机体全身富有光泽，彷如火焰发出的光芒一般，可使模型显得更加炽热哟。在到达终点之前，我们不会停止制作！

BANDAI 1：144比例
塑胶套件
"HGBF"

TBG-011B
TRY燃焰
敢达

制作/林哲平

HGBF TBG-011B
TRY燃焰敢达
●发售商/BANDAI　HOBBY事业部●1800日
元，发售中●1：144，约12.5cm●塑胶套件

用喷漆营造出光泽质感！

透明色和珠光白在充分保留成型色的前提下改变机体氛围时可以说是必不可少的道具。

▲用喷漆来营造出光泽质感吧。本次充分保留成型色，用Mr.Color的透明红对透明零件框进行透明色覆膜，用Mr.Color的珠光白对白色零件框进行透明色覆膜，为了使灰色零件框在与整体色调保持统一的前提下给人一种熠熠生辉的感觉，用Mr.Color的银色对零件框进行金属色覆膜。

▲用喷漆进行涂装时要在零件框上安装把手。零件框其实还挺重的，因此最好用方便筷和胶带牢牢固定把手。在涂装过程中如果不慎掉落的话会沾上灰尘或者摔出伤痕，重新进行涂装的话会耗费不少精力和时间。

▲零件表面如果有灰尘的话模型完成时会显得非常显眼，因此必须在涂装前用刷子等除去灰尘。

▲喷漆在使用前要充分摇动，使其充分混合。在喷涂时喷嘴距离零件大约20cm左右。由于喷漆本身的性质，漆膜容易变厚，因此不要一次着色，而是等喷涂的漆膜干燥后再喷涂下一层，如此反复。

▲这时会遇到一个问题。红色零件框上的左右胸部下侧零件的涂装面较多，连接在零件框上时不易涂装。如果要将该零件喷涂均匀的话其他零件的漆膜又会过厚，因此推荐将该零件从零件框上剪下，安装上把手之后单独进行涂装。

▲完成后的HGBF TRY燃焰敢达。整体添加了光泽质感，因此，给人的印象与素组大不相同。与素组（左）进行比较可以明显看出二者完成度上的差异。

◀特效零件也入了墨线，质感得到了提升，使火焰的感觉更加逼真。

11

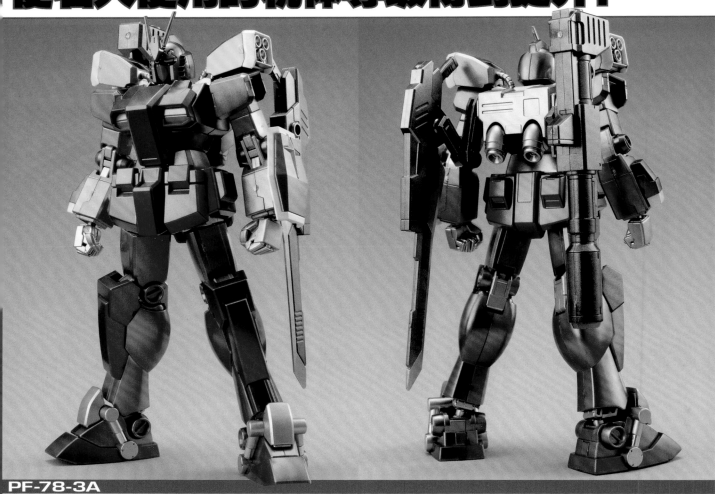

《高级篇》用全身金属涂装，
使名人使用的机体等级得到提升！

PF-78-3A

GUNDAM AMAZING
RED WARRIOR

BANDAI 1:144 scale plastic kit "HG BUILD FIGHTERS"
modeled by Teppei HAYASHI

对于能够到达这里的诸位我已经没有什么好说的了。高级篇为各种送上的是第三代川口名人使用的"HGBF 惊异敢达红战士"。为特殊机体配以特殊内容，这就是本书的风格。本次的工作内容是用金属色喷漆进行全身涂装。与保留成型色的简单制作相比，这种涂装对精力和技术的要求更高，但对于已经理解了之前的工作内容的各位来说绝非不可能。既然如此，那就动手制作吧！

CUSTOMIZED BASE MODEL

BANDAI 1：144比例
塑胶套件
"HGBF"

PF-78-3A
惊异敢达
红战士

制作/林哲平

HGBF
惊异敢达红战士
●发售商/BANDAI HOBBY事业部●1800日元，发售中●1：144，约12.5cm●塑胶套件

用喷漆来挑战金属漆涂装吧!

进行金属漆涂装时如果沾上灰尘之类的,涂装完成后会非常影响美观度,因此对制作环境也要多加用心。

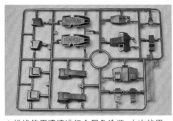
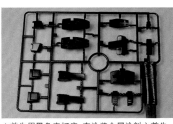
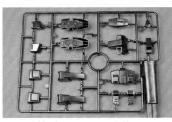
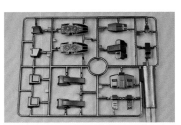

▲挑战使用喷漆进行金属色涂装。本次就用这个深红色的零件框进行解说吧。安装把手和用刷子清除灰尘等步骤都跟前面的操作一样。

▲首先用黑色来打底。在涂装金属涂料之前先用黑色来打底的话可提高光线的反射率,增加零件的光泽度。零件侧面及水口周围不容易喷上涂料,因此在涂装时要注意检查,避免漏涂。

▲黑色涂料干燥后,用金属红色的Mr.Color喷漆喷涂整体。金属涂料中的颗粒容易结块,因此在涂装前最好充分摇匀,这样在喷涂时就更容易涂均匀。

▲最后用Mr.Color的透明红进行涂装就完成了。透明红随着喷涂次数的增加颜色也会变得越来越深,因此在喷涂时请注意统一各个零件的颜色浓度。

给水口处补色!

进行金属色涂装时对水口处的处理基本与普通涂装的方法相同。不要觉得麻烦,好好地处理水口吧。

▲如果之前对零件框进行了涂装,剪下零件后水口处的成型色就会显得很突出,很影响美观度。使用透明漆进行多层金属涂装后,水口的补色是个麻烦的问题,但只要稍微下一点功夫,就能使水口处不那么显眼了。

▲首先用喷漆在纸杯等容器中喷出打底的金属色,然后用容器中的涂料来对水口进行补色。这时,补色的部位会变成银色,反而会更显眼……

▲用银色进行补色后再用红色的拟真质感马克笔进行补色,奇迹发生了!水口处变成了跟用喷漆涂装的金属红差不多的颜色。

▲补色完毕后的状态。拟真质感马克笔采用了通透性高的涂料,结合打底涂料,可用笔尖重现多重构造的金属色涂装。虽然不适合进行大面积涂装,但用来补色的话是没问题的。

将刀刃遮盖后进行涂装以提升质感!

本体的金属色涂装完毕后武器也来涂装得更加帅气吧。现在我们用敢达剑的刀刃部分来试一下遮盖涂装吧。

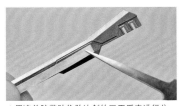

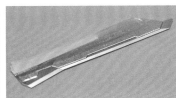
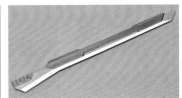

▲用遮盖胶带贴住敢达剑的刀刃后来进行分色处理。用直尺和笔刀将遮盖胶带剪切成细条状,贴在不必涂装的部位。

▲遮盖后的状态。请确保没有被遗漏的部位。

▲使用Mr.彩色喷罐的银色进行涂装。如果涂料喷涂得太厚,会从遮盖胶带的边缘流下,所以一定要注意。

▲剥离遮盖胶带后的完成状态。刀刃已经亮丽地涂装成了银色。金属色涂装比较容易出现不均匀的情况,因此就算是小面积的涂装,也要像这样对显眼的地方用喷罐来进行完美涂装。

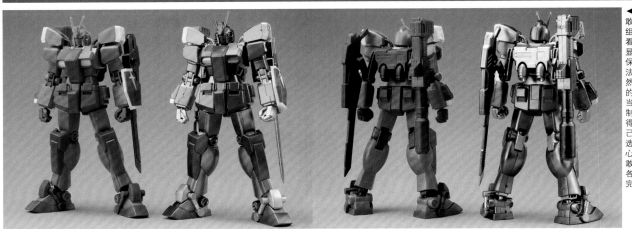

◀完成后的HGBF惊异敢达红战士。与套件素组(左)进行比较可以看出,完成度得到了明显提升。与前面介绍的保留成型色的制作方法相比较,这种方法虽然耗时耗力,但完成后的成就感也非同一般。当然,这只是其中一种制作方法,并不是说非得这么做不可。根据自己的技术和制作环境选择适合的方法开心地进行制作,这就是敢达模型的精髓。希望各位能以自己的方法完成一架帅气的作品!

头部刃状天线的锐化及面部的分件组装加工

天线的锐化对本书收录的范例来说自然是必不可少，在敢达模型制作中更是常规工作中的重点。作为本书主要道具的HGUC系套件出于安全考虑，都在零件前端设有被称为"安全帽"的多余部分，棱边也大多打磨了平面。对棱边进行剪切、对前面提到的天线进行锐化可进一步提高完成度。除此之外，很多敢达模型的面部零件是夹在头盔零件内的。如果之后要进行涂装的话，这一部分就要进行分件组装加工。当然，除此之外也有其他部分需要适当进行分件组装加工的。

▲图中的红色部分就是出于安全考虑而设计的多余部分，我们称之为"安全帽"。首先用水口钳去掉安全帽。由于这部分是故意设计添加的，因此光是用水口钳将其剪掉也可使天线显得很尖锐。

▲用水口钳剪过的面或许多少都会有些不平整，因此用笔刀仔细进行修整。如果之后要进行涂装的话最好用夹板状的砂纸等进行打磨。背面多为平面设计，因此将这里削掉后就去掉了正面的面，能够使天线更加尖锐。这一步操作不会影响到正面设计，因此可以说是相对比较稳重的操作步骤吧。

▲不过，要展现出剧中给人的那种锐利印象的话，还必须进一步进行锐化。TRY燃焰的角是小角，需要重新考虑。这一步我们就先将标红的部分的前端削薄。

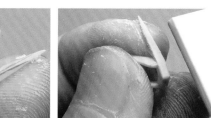

▲前端的锐化完成后，由下至上减少厚度。这时可以用遮盖胶带将小角保护起来，以避免不慎剪掉小角。削剪出整体平衡感后就只需按照零件的整形要领对表面进行仔细修整。

▲完成状态。可以看出，前面的棱边像设定那样尖锐。天线的锐化在敢达模型制作过程中是一个重点操作，因此希望大家都能够熟练掌握。一上来就直接用套件来实践的话大多都会失败，因此可以先用零件框等来进行练习。

▲HGBF TRY燃焰的面罩的红色零件和白色零件是被夹在头盔前后的。考虑到涂装的方便性的话，这里建议做分件组装加工。先将图中白色部分，也就是用于镶嵌的连接轴部分剪掉。背面用锉刀等磨平。

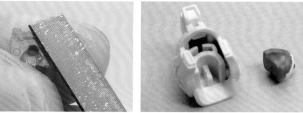

▲零件基本都是从头盔下方镶入。TRY 燃焰镶入时倒是没什么问题，但有些套件会因为设计上的干涉而无法顺利镶入。这时就需要用笔刀削出能够准确保存面部零件的空间。

▲镶入面部后确认整体情况。如果太紧的话之后镶入的时候会损伤漆膜，因此最好能保留一些余地。除此之外，进行分件组装加工时要注意避免进行不必要的形状变化。

◀装上锐化后的天线进行检查。已经能重现出剧中给人的那种精悍印象了吧。当然，前提是面部零件涂装后粘牢。如果不粘贴的话面部零件会无法牢牢固定。粘贴时需要注意避免面部折弯。如果没有自信的话可以先对面部进行涂装，贴上遮盖胶带后镶入头盔、粘贴，胶水干了之后消除接缝，之后再进行涂装，这样的话会比较保险。分件组装加工是提高作业效率的手段，进行加工并不是最终目的，与最后的收尾工作也没有任何关系（貌似有人囫囵吞枣，将解说错误理解为"必须这么做"）。各位可详细制订计划，充分享受模型制作的乐趣。

14

加工零件时尝试以涂装作为前提条件

在范例的常规工作中，"自制软胶零件的护罩"也是工作中的一大重点。由于软胶零件质感独特，因此，大幅提升彩色质感便是这项工作最大的重点所在。虽然也有软胶零件初级指南，但漆膜强度毕竟有限，而且用塑胶板进行制作后原本不易附着涂料的软胶零件也可以进行涂装了，所以也算是一项很有效果的工作吧。除此之外，还应考虑涂装后的美观问题进行一些加工。

▲HG敢达系套件中零件外露情况最多的地方是在颈部。虽然乍看之下并不是什么显眼的部位，但摆出动作造型时经常会露出软胶零件。如果之后要进行涂装的话这里最好也先加工好。

▲周围用0.3mm～0.5mm的塑胶板来包围最合适。首先测量软胶零件的上下尺寸，然后根据零件高度将塑胶板剪成长条。粘贴时使用瞬间黏合剂。结合零件实物高度粗略决定塑胶板长度，然后用瞬间黏合剂将塑胶板粘贴在一起。需要注意的是，由于零件是软胶材质，因此粘贴时只能粘贴塑胶板边角。

▲胶水干燥后用水口钳剪掉多余的部分，用锉刀打磨塑胶板边角，仔细进行整形。这时可以仿照设定图微打磨出一些面。但要注意避免过分打磨，否则会损伤连接面。

▲完成状态。TRY燃焰以格斗战为主体，下颌容易内陷，因此在上部设计一个高低差。这样就能够回避下颌内侧的干涉了。除此之外，由于这样的面积并不显眼，因此也没有用塑胶板覆盖。

▲组装到身体上后的状态。虽然这种加工的效果乍看之下并不明显，但由于软胶零件质感独特，因此这种加工能够大幅提升色彩质感量。

▲肩部与身体是通过肩部球形关节进行连接的。如果保持原状的话连接部配色就会变成红色。因此这里还是与其他各关节部一样，保持与骨架相同的颜色（TRY燃焰是中性灰）才显得更自然吧。这时需要先用游标卡尺准确测量宽度，做好标记后用蚀刻片锯轻轻刻上刻纹，注意刻纹不要太深。

▲刻纹完成后的状态。由于上部骨架为银色涂装，因此要进行分色处理的部分也略微增加一些高低差。像这样考虑到各部位机构及分色处理后追加刻纹，或者对原有刻纹进行加深等也都是非常重要的。

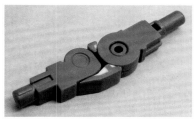

▲肘关节由于零件成型原因也有很多缝隙。这时我们也粘贴上塑胶材料后进行加工，以此来减小缝隙。虽然这种小缝隙就算直接组装也不会有什么问题，但如果追求完美效果的话有很多部分就不得不进行加工。

▲上臂在成型阶段时留有一些凹陷，但设定图中是两端呈半圆状的凹纹。我们先用大头针在薄的塑胶板上开孔后将塑胶板剪下、粘贴到零件上，稍作加工后来进行重现。这种细部造型的细节问题也会对完成后的模型造成一定的影响。

▲近年来的HG系敢达模型在成型前裙甲左右大多都是连接在一起的。但图中标红的部分只需要剪切开就能使前裙甲左右独立可动。剪切时推荐使用蚀刻片锯。

▲剪切开后安装到腰部骨架上的状态。这部分作业不仅操作简单，还可提高可动性，因此各位在制作时一定不要忘记。

▲用AB补土给前裙甲和后裙甲追加相应细部造型才更能看出当中的考究。对比设定图，图中的细部造型在模型上得到了重现。这里需要特别注意的是前裙甲的边缘。形状本身没什么问题，但TRY燃焰的边缘没有凹纹，因此用AB补土填平，进行了修整。当然，也可以特意留下细部造型。这些方面可根据最后完成时的理想状态来进行取舍。

▲脚踝辅助装甲也参照设定图进行了改造。改造的是左右散热口的安定板部位。先将安定板剪下进行整形，然后安装剪切好的塑胶板。这时如果雕刻出散热口内部的话能够使立体感得到强调。

填补空洞部分彻底提升完成度

▲图为HGBF TRY燃焰的脚底。由于成型原因，零件上存在一些空洞部分，这些部分都需要用各种补土进行填补，待硬化后再进行整形。另外，由于连接轴较长，为了在作业中便于取下零件，可参照图中标红部分的长度剪掉一部分连接轴。

▲本次填补空隙使用的是AB补土。AB补土不同于聚酯补土，硬化后不会产生缩胶现象，这是由于AB补土流动性较低。打开包装后可以看见如图中所示的主剂（A剂）和硬化剂（B剂）两支补土剂。将这两种补土剂等量混合后使其硬化。取用补土时使用美工刀等锋利的物品取等量的两种补土剂混合后使用，但由于补土剂具有黏性，并且出于健康考虑，在作业时建议带上塑胶手套。也可以在涂了护手霜、套上塑胶手套后用指尖少量沾取。这样能够防止补土变薄后粘到手上。由于没有用水，因此补土表面也不会溶化，便于作业。

▲AB补土完全混合后的状态。当AB补土变成这种状态时就可以开始作业了。补土完全硬化的时间因具体商品而异，但大概是3小时左右就能进行削剪。涂补土时最好在20~30分钟内完成作业。

▲用牙签沾取AB补土来进行作业不仅不会弄脏双手，同时也很适合精细作业。用牙签代替刮刀，将AB补土向中间推。稍微溢出开口部一点就行，之后就等AB补土硬化。稍微溢出一点可以减少涂抹失误。作业前在可能接触到AB补土的白色零件上事先涂上软膏是很重要的。

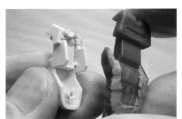
▲硬化后仔细进行表面处理，首先用笔刀削出形状。先削掉前面说的与白色零件接触的部分。之后将事先加工的容易拆卸的白色零件拆下来，AB补土就填满了缝隙。当然，如果事先不做好脱模处理的话AB补土很容易拆不下来，这一点希望能多加注意。脚尖等也用笔刀进行整形。

▲大致成型后对各部位进行检查。不平整的地方再涂上AB补土进行整形。如此反复，没有问题后用夹板状的砂纸进行表面处理。

▲空洞部分用AB补土填补完毕后的状态。像这样消除缝隙后，不仅能够提高范例的完成度，也能使模型更加天衣无缝。与套件素组（图中左）进行比较便能看出其中的差距。TRY燃焰的胯下也是比较显眼的部位，与脚底相比，胯下要容易加工一些，先用胯下来熟悉操作之后再挑战脚底吧。

▲脚踝辅助装甲内侧的圆轴上也存在空洞部分。相较细部造型来说，用AB补土对此处进行整形更能增加强度吧。

▲脚腕关节也有空洞部分。这里并不使用AB补土来进行填补，而是先用游标卡尺测量好尺寸后再贴上塑胶板增加一个盖子。这样做是因为在连接弹簧管时能够提高关节强度。虽说同样是填补空洞部分，但会根据用途来决定材料才是进步的必要条件。套管用塑胶管和塑胶棒来制作。按照刚才所说，用弹簧进行连接，不会影响脚腕的可动性。

粘贴零件时的注意点及延长作业的基本

近年来的敢达模型采用了即使不使用胶水也能组装的"卡扣"设计，以及在零件阶段就实现了基本分色的"彩色塑胶"，单是进行组装也能得到令人满足的完成度，这在敢达模型玩家中已是众所周知的事实。但如果要考究地进行制作，之后还要进行涂装的话，粘贴零件是不可避免的。除此之外，如果想让模型更加接近自己的理想形状的话，那就必须掌握"增幅、减幅"技术。可以说是改造作业的第一步吧。

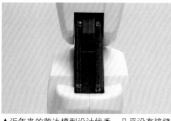

▲近年来的敢达模型设计优秀，几乎没有接缝，但也正因如此，有些部分设计得很紧。特别是像TRY燃焰这种以可动性为主的敢达模型，活动关节部位时，很有可能剥落连接部分的漆膜。图中可以看出，膝关节周围的零件之间结合非常紧密。零件内侧的红色部分就是蹭掉的漆膜。

▲在本次的范例中，为相连的部分设置了一定的空隙。首先，用游标卡尺量取约0.5mm的宽度，然后打上标记。这个阶段如果不进行细致地调整的话会破坏比例平衡。

▲首先面朝做了标记的一面，用笔刀斜向刨削。刨削时注意画红线的部分刚好变为原来的一半长即可。

▲打磨出面之后用锉刀轻轻打磨红色部分的接触面。这部分比较复杂，建议以锉刀为主进行打磨，同时以笔刀刨削进行辅助作业。当完成到一定程度后，用夹板状的砂纸进行收尾，这一点不用多说了吧。

▲确保空隙后的状态。可以看出膝关节没有与小腿零件直接相接了。像这种细节部分也不遗漏，全都仔细进行调整后，范例整体的细致度自然也得到了提升。虽然不是"必须完成的作业"，但只要放在心上就能使完成度与之前大不相同。

▲近年来的敢达模型的比例虽然几乎都能满足大众理想要求，但每个人对模型的理解还是千差万别的。经常会有人觉得"再长一点就好了"吧。这时就少不了延长作业。在这里我们以TRY燃焰的大腿为例，通过实际作业来进行解说。首先要将零件分割开来进行延长作业，在这一步，重要的是"切割的部分"。如果不像图上那样避开细部造型进行切割的话，之后的修复工作会非常困难。

▲切割后横截面当然并不光滑，因此要用夹板状的砂纸轻轻进行修整。本次增幅为2mm，因此用EVERGREEN的2mm×4mm的塑胶角棒进行增幅。用苯乙烯树脂系黏合剂粘贴牢固。这时要事先大致整理一下横截面，确认一下安装零件后有没有错位。这时如果有少许缝隙的话滴注瞬间黏合剂进行填补即可。滴注时千万注意别损伤细部造型。

▲胶水完全干燥后首先用金属用水口钳剪掉多余的部分。剪切时千万注意避免伤到零件，延长的塑胶材料也不要剪切过多。

▲适当剪后，用笔刀修整出面的形状。有细部造型的部分（TRY燃焰是在大腿前面）作业时需要特别注意。如果不小心误削了的话需要用补土等材料来重新制作。

▲削剪出形状后用砂纸对面进行打磨修整。进行这一步时与消除缩胶时的感觉差不多。作业时消除高低差，仔细地修整吧。

▲自行整形后就完成了。虽说只有2mm，但这次延长的效果一目了然。如果是TRY燃焰那种骨架构成不同的模型，延长后的对策也要视具体情况而定。除此之外，延长关节部也非常有效，各位可以设想好自己理想中的机体体形后再进行作业。

根据敢达模型的特性进行的作业
能够进一步发掘敢达模型的魅力

在敢达模型制作中，无论是原创设计还是忠实还原原作设定或剧中表现，都有属于自己的看点。而TRY燃焰的看点就是燃焰爆裂模式吧。通过专用透明零件重现出配置于全身的透明零件喷射出帕拉斯基粒子火焰的状态。如何展现这一状态，在很大程度上关系到作品的最终完成度。

▲TRY燃焰有两种透明零件。其中一种是基本状态下的蓝色透明零件。这些零件上也有缩胶现象。但与其他零件不同的是，这些零件需要花一点功夫。先用400号左右的砂纸打磨掉缩胶凹陷，然后逐渐增大号数，用600~1000号的砂纸分别进行打磨。一直增大到2000号会比较理想。

▲用砂纸适当进行打磨后就进行研磨，修整透明度。这次使用的是WAVE的"研磨棒 后期处理细型"进行研磨。首先用绿色面的研磨板打磨掉表面的细痕，然后用白色面进行研磨，这样就能够打磨出光滑平整的表面。这样就能在消除缩胶的同时恢复与套件几乎相同的透明度。

▲从剧中场景看来，TRY燃焰手背上的缝隙似乎也是透明零件。但遗憾的是套件中没有进行重现，因此我们要自己下点功夫来进行加工。这次我们决定用同种材质的零件框标签进行加工后来重现。先用游标卡尺量好尺寸后将塑胶材料剪下，安放到零件内部，然后再裁剪出同样尺寸的零件框标签来进行重现。然后在背后贴上箔面胶带，使其看起来光泽度更好。

▲燃焰爆裂模式的透明零件采用了比普通零件更为柔软的材质。这是由于考虑到安全性和对火焰的重现度。不过，还是想让前端更尖锐些。首先用笔刀将前端削尖，然后用半圆锉刀在保持曲面的前提下进行整形。

▲削尖前端后的状态。但如果保持在这个状态的话尖削尖的部分会有厚度。因此建议从左右两边开始削剪，使两侧厚度相同即可。由于材质比较透软，因此在削剪时用手指从内侧进行支撑，可避免用力过度而折断零件，这样就能在保持稳定性的情况下准确作业。

▲收尾工作与刚才介绍的蓝色透明零件相同，依次使用砂纸、研磨材料取回零件的透明度。这种材质的材料受热后表面会起绒毛，因此作业时可放慢速度，或者等材本身冷却后再继续作业。

▲套件原本状态（图中左侧）与对零件进行修整后的状态（图中右侧）进行比较。正如各位所见，很显然后者看起来更有熊熊燃烧的感觉。燃焰爆裂模式的特效零件数量很多，希望各位能够花点时间一个一个地仔细进行修整。切勿急躁。

◀范例在对燃焰爆裂模式的特效零件进行锐化处理后又参考剧中设定对零件进行了晕染涂装，以进一步提升零件的美观度。这方面个人喜好不同，大家可以在仔细思考后再动手。想确认涂装状态的话可以用零件框先进行测试。

涂装前需要注意什么？

各部分的作业完成后终于要进行涂装了……但是，在此之前有很多事情要注意。涂装前细心进行检查才是顺利完成涂装的捷径。

◀作业结束后仔细检查有无忘记处理的缩胶凹陷或分模线等。各部分的刻纹估计都是以用珐琅漆入墨线为前提的，因此最好再加深一下刻纹。如果不加深的话在上了底漆补土和涂料漆膜后刻纹会被填平，珐琅漆可能就无法顺利流匀了。虽然也可以在完成涂装后重新进行雕刻，但这样很有可能会伤到漆膜。为了避免出现这种麻烦的情况，再次进行检查的意义就显得尤为重要。涂装方法是非常规范的，这里就不赘述了。

▼与基本状态和燃焰爆裂模式的素组（图中左侧）进行比较。基本形态区别倒不是特别大，但燃焰爆裂模式在削尖前端并进行涂装后更有熊熊燃烧的感觉了。

通过附加加工与细部造型加工
来进一步提升套件质量。

TBG-011B
TRY BURNING GUNDAM

BANDAI 1:144 scale plastic kit
"HG BUILD FIGHTERS"
modeled by JUNⅢ

　　《敢达创战者TRY》的新主角机"TRY燃焰敢达"乃是为了让实力有所成长的世海能彻底发挥次元霸王流拳法，而由创制燃焰敢达改造所成的敢达模型。全身各处设有的能用来散发帕拉夫斯基粒子的透明零件相当令人印象深刻，经由拆除局部的装甲，进一步形成宛如全身散发熊火焰的燃烧爆发模式，此特色在HGBF版套件中也能经由替换零件的方式重现，使其魄力倍增！

　　JUNⅢ范例在"范例的基本工作"的基础上进行了高完成度的制作工作。排除装甲状态的零件经过自制堪称完美。

CUSTOMIZED BASE MODEL

HGBF版
TBG-011B　TRY燃焰敢达
●发售商／BANDAI HOBBY事业部●1800日元，发售中●1：144，约13cm●塑胶套件

BANDAI 1：144比例 塑胶套件
"HGBF"

TBG-011B TRY燃焰敢达
制作／JUN Ⅲ

▲在头部方面，将天线末端削磨得更加锐利，头盔的前后零件也先黏合起来进行无缝处理。为了让颈部能顺利涂装上色，将该零件用0.5mm塑胶板包覆住并加以修整。至于散热槽内部则是追加了3道沟槽作为细部修饰。

◀将裙甲内侧用AB补土填满，等补土硬化后加以修整，再为该处追加刻线。由于TRY燃焰敢达的前裙甲在设定图稿中未画出散热槽，因此将该处用AB补土填满，然后比照设定图稿修整。

▼在腿部方面，将受限于开模需求导致显得太浅的踝护甲左右散热槽重新雕刻，还将其风叶改用塑胶板重制得更具锐利感。由于踝关节的球形轴内侧留有凹槽，因此用瞬间补土填满并加以修整。接着还用圆形塑胶棒追加了油压管状结构。为了避免妨碍到脚踝的可动性，该处选用了弹簧管来连接。

▼在用肩甲罩住的上臂方面，该处有些细部结构为了配合开模需求而被省略，于是通过粘贴经过加工的塑胶板进行修整。手臂装甲则是配合各个模式做出设有透明零件的版本，这些透明零件是拿套件本身的框架号码牌制作所成。

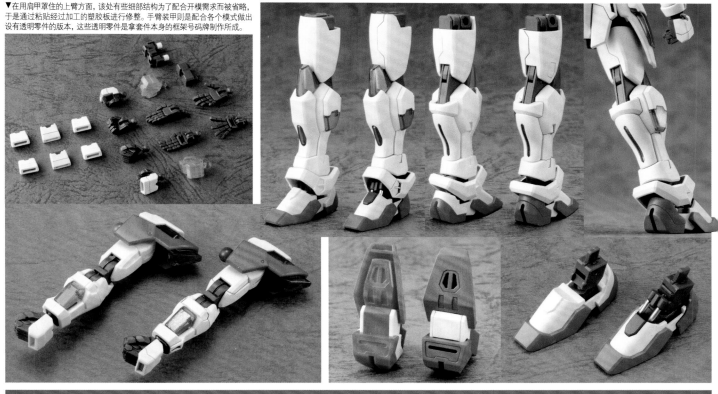

BANDAI 1：144比例 塑胶套件
"HGBF"

TBG-011B
TRY燃焰敢达

制作·文／JUN Ⅲ

■热烈万分！TRY燃焰敢达！

　　TRY燃焰敢达套件和创制燃焰敢达一样拥有很宽广的可动范围，多个特效零件玩起来会很有趣吧！制作过程中的图片解说请参考《模工坊》系列图书，书中可以学到钢普拉大体上的修改和细部结构的添加。这架TRY燃焰敢达本来想要按照设定制作，但是基本制作上拥有自己的特点也是一样的。

■燃烧状透明零件

　　为了符合安全玩具法规，火焰状特效零件

的各个末端其实都制作得有点圆钝。以模型师的立场来说，当然要用笔刀搭配各式削磨工具仔细地修整锐利。这类零件的塑胶材质较软，一经过打磨就很容易产生毛边，这时推荐立起笔刀的刀刃进行刨刮，这样就能将毛边给清理掉了。

　　话虽如此，其实好不容易制作到后半阶段，我却突然接到来自日文版《HJ》编辑部的恐怖（？）追加指示……内容是"顺便重现剧中排除装甲后的状态吧"。于是我动用了一份套件的透明零件进行加工，并且搭配涂装来重现该状态。BANDAI公司啊！求您推出拆除装甲状态的透明零件吧！

■涂装

白＝底色白（70%）＋MS白（30%）

红＝底色粉红→深红（55%）＋蒙瑟红（40%）＋

粉红色（5%）

蓝＝MS蓝Z系（80%）＋中间灰（15%）＋底色白（5%）

黄＝底色奶油色→底色奶油色（40%）＋黄橙色（30%）＋MS黄（30%）

关节等处＝中间灰（85%）＋超亮黑（15%）

　　蓝色透明零件均使用GX粗银色轻轻地喷涂在表面上，借此表现剧中的粒子感。不过光是喷涂前述的银色还是显得有些粗糙，因此又进一步喷涂覆盖了透明蓝加以调整。

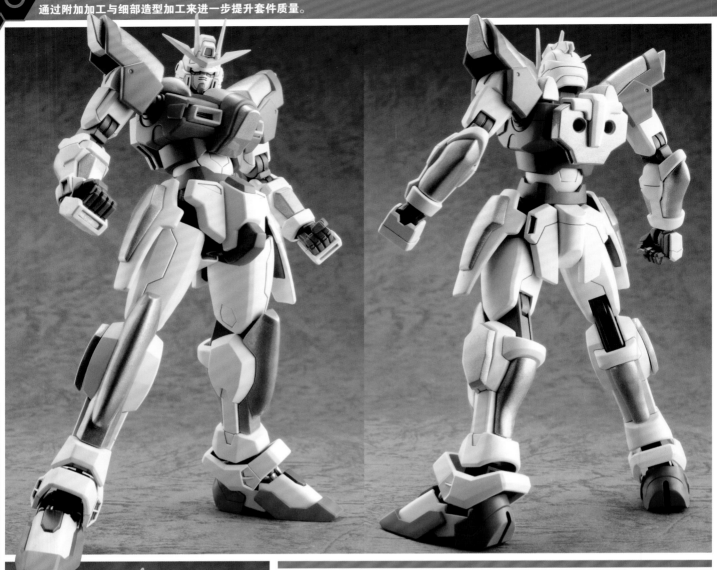

"查缺补漏"是什么意思?

敢达模型现在所处的环境正日益优化,为各位玩家提供的选择也越来越丰富多彩,但完全符合自己要求的情况还是很少见的。除此之外,也有可能会出现本次这种因为价格带或商品构成原因而无法附带的零件。遇到这种情况,要么只能将现有零件,要么就进行加工或自制零件。本次制作时原本是想将底座制作为透明零件的,但实际制作时是以金色涂装来进行重现。当然也可以使用更高级的制作方法来替换为透明零件。无论如何,在制作时应看清"自己究竟想怎么做?",并结合自己的技术水平来进行作业,这样才是进步的捷径。

▲▶这是在第15集里首度揭晓,就连责编也大感惊讶的装甲拆除状态。其模样介于一般状态与燃烧爆发模式之间,这部分是借由追加制作零件来重现的。基本上是拿原有零件利用补土之类材料塑造出所需形状,再搭配套件本身的换装机构加以重现。

▲TRY燃焰敢达的首要特征就属燃烧爆发模式了。此时设置于其全身各处的透明零件会喷发出帕拉夫斯基粒子之炎，令它化身为有如散发着熊熊火焰的模样。范例中还将特效零件的各个末端都削磨得更加锐利，并进行分层涂装。

添加细部造型，对配色进行改造和展示原创武器，制作自己的红战士名人改装机！

PF-78-3AJ
GUNDAM AMAZING RED WARRIOR J

BANDAI 1:144 scale plastic kit "HG BUILD FIGHTERS"
PF-78-3A GUNDAM AMAZING RED WARRIOR conversion
modeled by JUN III

　　继前面介绍的"HGBF TRY燃焰敢达"制作方法后，接下来为各位带来的是同样出自JUN III之手的原创改装机体"PF-78-3AJ红战士名人改"。红战士名人敢达在"红战士"这方面给人的印象太过强烈，如果强行改变其方向性的话或许会起到反作用。因此本范例在制作时便顺应这种趋势，只进行部分细部造型和配色改造，使机体更加张弛有度，并使用HGBC红武器等改装零件来制作原创武器。该范例中含有大量改造要素，希望能为各位提供参考。

BANDAI 1：144比例 塑胶套件
"HGBF"
PF-78-3A红战士名人敢达改造
PF-78-3AJ红战士名人J敢达
制作/JUN III

CUSTOMIZED BASE MODEL

HGBF
PF-78-3A
红战士名人敢达
●发售商/BANDAI HO-
BBY事业部 ●1800日元，
发售中 ●1：144，约
12.5cm ●塑胶套件

▲▶将头部天线替换为0.5mm的黄铜线，并削尖前端，使其锐化。面部的面罩根据个人喜好进行了变更。上图是基本型范例时制作的零件和改造范例的比较。加工时天线不慎损坏的话可以仿照范例，将损坏的天线替换为黄铜线。

◀▲胸部上方的装甲在近手侧贴上塑胶板进行细节提升，降低的部分涂装为白色。相当于驾驶舱舱门部分的凸起也进行了增大。腰部的侧裙甲上贴了塑胶板进行细节提升，制成了侧袋的形状。

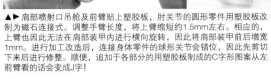

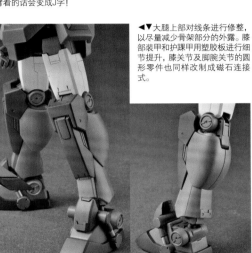

▲▶肩部喷射口吊舱及前臂贴上塑胶板，肘关节的圆形零件用塑胶板改制为磁石连接式。调整手臂长度，将上臂缩短约1.5mm左右。相应的，上臂也因此无法在肩部装甲内进行横向旋转，因此将肩部装甲前后增宽1mm。进行加工改造后，连接身体零件的球形关节会错位，因此先剪切下来后进行修整。顺便，追加于各部分的用塑胶板制成的C字形图案从左前臂看的话会变成J字！

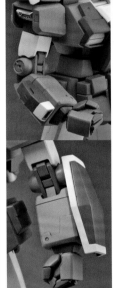

◀▼大腿上部对线条进行修整，以尽量减少骨架部分的外露。膝部装甲和护踝甲用塑胶板进行细节提升，膝关节及脚腕关节的圆形零件也同样改制成磁石连接式。

REAR

SIDE

FRONT

不破坏"角色形象",实现"模型特有的改造"。

红战士名人敢达是川口名人利用完美敢达Ⅲ,通称"红战士"的机体改造而成,很大程度地保留了基础机体的形象。如果强行改变基础机体的形象的话,很可能会破坏机体本身的优点。于是,本范例在制作时没有破坏机体原本的形象,并非常巧妙和适宜地进行了改造。虽然"增加"、"减少"和"改变方向性"等改装技巧中存在无限的可能性,但避免改装过度这种改装技巧也是一种很不错的玩法吧。

▼▶制作过程中的状态与套件素组(左)进行比较。通过落差来增加平面,从而增加了机体的立体感,涂装部分以白色配色,使得红色更加突出,但也并未破坏"红战士"本身的形象。

◀▼武器替换范例。背面武器将整个推进背包替换为了另售的HGBC重装武器包。右手的步枪是利用重装武器包附带的光束机枪和步枪组合而成。左前臂直接安装一支旋棍,小型护盾装备于右前臂。

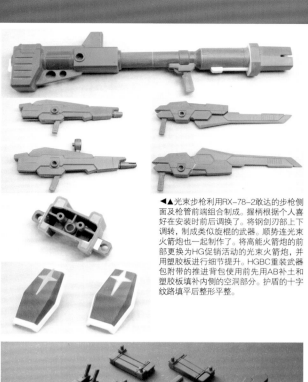

◀▲光束步枪利用RX-78-2敢达的步枪侧面及枪管前端组合制成。握柄根据个人喜好在安装时前后调换了。将钢剑刃部上下调转，制成类似旋棍的武器。顺势连光束火箭炮也一起制作了。将高能火箭炮的前部更换为HG促销活动的光束火箭炮，并用塑胶板进行细节提升。HGBC重装武器包附带的推进背包使用前先用AB补土和塑胶板填补内侧的空洞部分。护盾的十字纹路填平后整形平整。

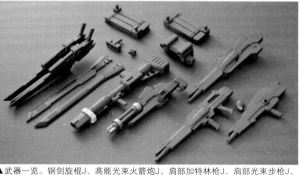

▲武器一览。钢剑旋棍J、高能光束火箭炮J、肩部加特林枪J、肩部光束步枪J、长步枪J、光束步枪乙J。重装武器包的灵活机械臂和连接零件也一并制作了。

▲▼旋棍可是男子汉中的男子汉使用的武器。钢剑旋棍J的刃部涂装为漆黑的黑色，给人一种一击制敌的感觉。不使用的时候可以利用连接零件将2支旋棍都固定在背部。除此之外，提及红战士就不得不提《模型狂四郎》模型制作篇中使用的敢达战锤！这个组合果然不能少！

以飞机的表现力
为闪电敢达完成低可视涂装。

LGZ-91N1
LIGHTNING GUNDAM
(LOW VISIBILITY)

BANDAI 1:144 scale plastic kit
"HG BUILD FIGHTERS"LGZ-91 LIGHTNING GUNDAM + "HG BUILD CUSTOM"LIGHTNING BACK WEAPON SYSTEM use
modeled by Naoki KIMURA

由有着"尖兵"称号的木村直贵以"LGZ-91闪电敢达"为题材，制作出其改装机"LGZ-91N1闪电敢达（低可视度涂装版）"。因为Z系MS可变形为巡航形态，这件范例是基于飞机模型师的观点，设想它在大气层内运用的情况，并且据此追加细部修饰和修改造型所成。而且还融入了局部配色参考自Z改等要素，可说是一件绝对不负资深玩家期待的作品呢。

BANDAI 1：144比例 塑胶套件
"HGBF" LGZ-91 闪电敢达 +
"HG制作改装"闪电武装背包系统 改造

LGZ-91N1 闪电敢达（低可视度涂装）
制作／木村直贵

▲▲各裙甲采取将棱边削掉或削细的方式进行制作，内侧则是利用塑胶板等材料添加了修饰。此外，基于造型美观起见，为前裙甲顶端原有的武装挂架装入螺栓状改造零件。

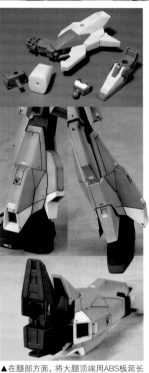

▲▶将天线与护颊等各部位削磨得更锐利的形状。脸部也雕刻成了作者个人偏好的形状。接着将颈关节延长1mm，并且把其周围包覆起来，借此加大尺寸和作为细部修饰。另外，总觉得头盔后侧下缘的空隙醒目了点，因此便裁切喷射口零件新增了一截外罩结构。在腋下区块粘贴塑胶板来加大尺寸。

▲▶将肩甲侧面末端削磨得更具锐利感。其传感器处也利用市售透明零件添加了修饰。至于前臂则是选择在靠近手腕这侧削出较大的棱边，并且利用市售喷射口零件做出手腕关节罩。接着是将左前臂火神炮处的接合线修饰成刻线风格。此外，还沿用了其他套件的零件制作出握拳状和张开状手掌。

▲在腿部方面，将大腿顶端用ABS板延长约2mm。小腿肚侧面的武装挂架则是要用螺栓状改造零件塞住。至于踝护甲和小腿侧面的边缘，以及后侧推进器下缘等处则是要削磨得更具锐利感。此外，用塑胶板覆盖住踝关节和脚底的凹槽。

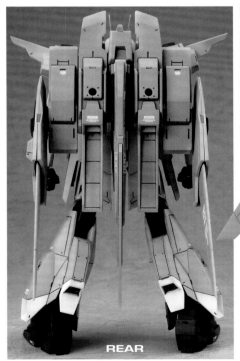

REAR　　SIDE　　FRONT

29

重视"真实感"，提高说服力。

　　"为闪电敢达完成低可视涂装"估计是要入手该套件的人都会考虑的一种配色方案吧。即使不用引证Z plus，在拥有飞机轮廓的Z系机体中自然也有Z plus的影子，可以说是符合存在于现用兵器延长线上的MS的那种"真实感"的系谱吧。闪电敢达的基础机体设定为由灵格斯的机体外形比例回归Z的外形比例，并以BWS为中心而打造"更适于飞行"的改装机。虽然是角色使用的模型机体，但该作品在制作时依然彻底追求了"真实感"，其视觉说服力非同一般。增加兵器方面的零件也是原创改装机的一个方向性。

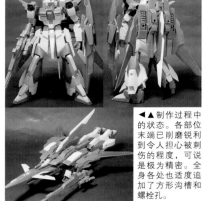

◀▲制作过程中的状态。各部位末端已削磨锐利到令人担心被刺伤的程度，可说是极为精致。全身各处也适度追加了方形沟槽和螺栓孔。

▲将光束步枪的枪口沟槽实际削挖开来作为细部修饰。位于一般型枪口下方的刺刀状结构也要削磨得更锐利，传感器也用透明零件添加细部修饰。至于护盾则是要将传感器前端削掉一些。飞行形态时作为前翼（鸭翼）的小型机翼也依据个人喜好修改成了后掠翼。这部分选用了电光背包武装系统的主翼。

▼与素组套件（左）的比较。在通过低可视度涂装凸显"拟真感"之余，还施加了以Z改为参考的配色模式等表现，这方面证明了此范例中并没有疏忽角色模型所需的视觉效果，果然相当讲究呢。

BANDAI 1：144比例 塑胶套件
"HGBF" LGZ-91 闪电敢达 +
"HG制作改装"闪电武装背包系统 改造

LGZ-91N1
闪电敢达
（低可视度涂装）

制作・文／木村直贵

■如同电光石火般

　　将闪电敢达主体各处都削磨得更具锐利感，并且追加细部结构。接着还对造型协调性进行了若干修改，力求呈现更为英挺的造型。

　　脚部：按照惯例将脚底和踝关节的凹槽用塑胶板覆盖住。

　　小腿：将脚踝一带从内侧进行削磨，使该处的形状更为棱角分明。

　　大腿：将顶端延长约2mm。

　　腰部：削磨裙甲周边，采取将棱边削掉或削细的方式进行修整。光是这么做就能大幅提升锐利感，效果绝佳呢。接着视部位而定，将裙甲内侧用塑胶板之类材料追加细部结构。

　　此外，套件中比照设定图稿设置了许多追加装备用的圆孔（武装挂栈）。既然这件范例是大气层内规格，况且在重力环境下飞行时，加上增装装备反而会影响机动力，因此干脆将下半身的圆孔全部塞住（不

错嘛，这个理由想得真好）。

　　胸部：将腋下区块用塑胶板加大尺寸，让造型显得更具力量感。

　　头部：将面罩、天线等部位削磨得更具锐利感。另外，在原有的头盔下缘追加一截罩状零件，借此掩饰住颈部后侧。颈部区块则是以软胶零件为芯，用塑胶板整个包覆住以加大尺寸和延长1mm，接着还追加了细部结构。

　　手臂：将肩甲的罩状部位都削磨得更具锐利感。正面传感器装入了市售镜头类零件作为修饰。此外，在前臂靠近手腕这侧削出较大的棱边，营造出往前收窄的形状。手腕处也利用市售方形喷射口零件加工做出关节罩。

　　武器：为瞄准器等传感器类部位粘贴箔面贴纸，然后再覆盖一片透明塑胶板或透明PVC板以提升质感。

　　细部结构：为了让整体看起来更具锐利感和密度感，因此以不会显得太杂乱为前提，在机体各处追加了方形沟凿和螺栓孔洞。

■闪电BWS改

　　如同"低可视度机"的主题，范例中加大了各机翼的尺寸，象征这是飞行性能经过强化的机型。在具体的修改方面，主翼取自HG版脉冲敢达。套件主翼也在修改形状后装设为前翼。不过略了可变翼机能。平衡推进尾翼是以塑胶板堆栈所成。考虑到它底下挂载的MS其实相对地大得多，以这种协调性来看，飞起来似乎会有点吃力呢。

　　此外，依据空气动力学的观点，采取将机首（护

盾）顶面隆起给削掉的方式修整其线条。

　　为了让MS形态的轮廓能更贴近Z敢达，范例中改用了用来组装在MS身上的连接区块，借此改变BWS的装设角度，不过这部分纯粹是出个人喜好。

　　BWS的底面其实还是很容易被看到，因此将其凹槽部位粘贴evergreen制刻有纹路的塑胶板加以覆盖住。

■配色当然也很讲究

　　选择最经典的低可视度配色来进行涂装。

　　主体色是用Mr.Color的灰色FS36320搭配灰色FS36375施加迷彩涂装。

　　由于迷彩涂装是以飞行形态为优先，因此组装在BWS内侧的上半身，作为底面的MS背部均使用单一浅色来涂装。

　　关节部位和推进器等处则是参考了Z改的配色。关节部位＝黑色＋灰色（使用底漆补土1500）白＝人物白

　　接着用珐琅漆入墨线，并且以敢达UC系列用DX水贴纸添加机身标志。既然是大气层内用机，那么肯定要选用"EFF"版本的标志（←一定要讲究这点才行）。

　　最后再用消光透明漆喷涂覆盖整体，这么一来就大功告成了。话说这次是采取尊重闪电敢达主体造型的方式进行制作，其实往Z改风格进一步特化的话，似乎它还有很多发挥空间呢……找个机会来做看看吧！

▲关节部位几乎未经修改，要使用各武装摆出动作姿势也是轻而易举。范例中将光束刃表面用砂纸打磨，借此凸显粒子感。

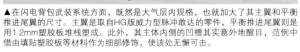

▲在闪电背包武装系统方面，既然是大气层内规格，也就加大了其主翼和平衡推进尾翼的尺寸。主翼是取自HG版威力型脉冲敢达的零件，平衡推进尾翼则是用1.2mm塑胶板堆栈塑成。此外，其主体内侧的凹槽其实意外地醒目，范例中借由填贴塑胶板等材料作为细部修饰，使该处无懈可击。

▶在变形为飞行形态后有了低可视度涂装作为衬托，身为飞机模型师的木村先生可说是充分展现了绝活呢。在作为固定武装导弹吊舱方面，范例中也将其弹头仔细地分色涂装，而且还为替换组装式的光束加农炮添加了细部修饰。由于是大气层内规格，因此主翼和平衡推进尾翼上的标志都选用了"EFF"版本，这也是本范例相当讲究的重点之一。

用笔涂方式上色成 "Ma.K" 风格!

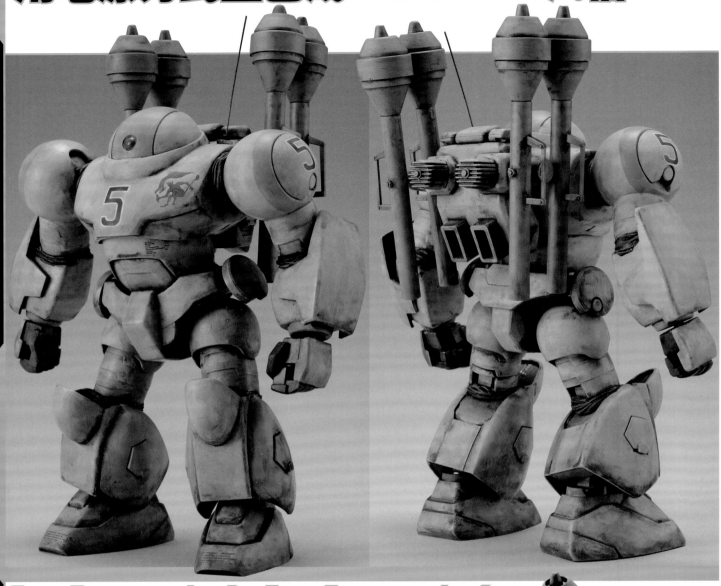

Mo.cK.Mo.cK.

BANDAI 1:144 scale plastic kit "HG BUILD FIGHTERS" Hi-MOCK conversion
modeled by Daisukezou ITO

　　终于达成敢达模型化这一凤愿（？）的 "HGBF 高性能蒙克" 具有直径3mm的结构加固点所带来的扩张性，并实现了近年来的HG敢达模型未曾有过的超低价格。与此同时，套件内容还可令玩家根据个人喜好尽情制作自己喜欢的敢达模型。

　　本次的范例 "Mo.cK.Mo.cK." 在制作时利用其圆润的设计，同时还融入了横山宏原作并亲自绘制插图和模型设计图的 "Ma.K." 的特征。负责范例制作的是在日文版《HJ》杂志上连载《Ma.K.in SF3D》栏目的伊藤大介藏。为了尽可能营造出 "Ma.K." 登场机体的气氛，在使用相关套件零件的同时，上色时还采用了该系列惯用的笔涂方式进行上色，完成了一件在敢达模型范例中并不多见的作品。

CUSTOMIZED BASE MODEL

HI-MOCK
BATTLE SYSTEM SIMULATOR MOBILE SUIT

BANDAI 1：144比例 塑胶套件
"HGBF"
高性能蒙克 改造
Mo.cK.Mo.cK.
制作／伊藤大介藏

HGBF 高性能蒙克
●发售商/BANDAI HOBBY事业部●800日元，发售中●1：144，约13cm●塑胶套件

敬意与灵感的次序

正如《敢达创战者TRY》本篇中反复强调那样，"敢达模型是自由的"。动画作画风格，战车风格，飞机风格，原创细部造型等，其表现方式也是无限的。在模型制作过程中，有时也许会像该范例一样，融入从其他作品借鉴而来的表现方式。这种表现方式在纯属个人娱乐时当然不会有什么问题，但如果是要在公众场合（模型大赛等）亮相的作品的话，有时会限制借鉴其他作品表现的比例。相关事宜虽然没有明文规定，但无论敬意还是灵感都"必须控制在常识范围内"吧。希望各位在发表自己的敢达模型时也能注意这一点（当然，本范例已征得同意）。

▲▶将头部和胸部原有的细部结构填满，并且改为贴上WAVE制1：20比例古斯塔夫所附属的水贴纸。

▲肩部、手肘和膝盖的一部分关节使用用AB补土制成的防尘护罩代替。在脚尖上粘贴了警告标志水贴纸。

▲背部武器是"Ma.K"系列为人所熟知的铁拳火箭弹。推进背包部分用弹簧和黄铜线追加了天线。

◀与套件素组状态（左）的比较。将全部突出的棱边削掉，形成曲面的同时增加表面积，使完成品看起来与之前不一样。其膝盖为微弯状，手脚也为了制作防尘罩而稍微缩减了长度，不过看起来也确实比素组状态厚重许多。

REAR　　SIDE　　FRONT

BANDAI 1：144比例 塑胶套件
"HGBF" 高性能蒙克 改造

Mo.cK.Mo.cK.

制作·文／伊藤大介藏

■制作成"Ma.K"风格

某天，《敢达创战者》的责编问我"要不要做做看刚上市的高性能蒙克呢？我看就制作成'Ma.K'风格吧"，于是我就做了这件作品。话说这件范例倒有没有表现出《Ma.K》风格呢……虽然就连我也说不上来，不过若是各位觉得确实有别于一般敢达模型作风的话，那将会是我的荣幸。（笑）

■在制作方面

只要看过日文版《HJ》的《Ma.K》单元就晓得，这系列有许多以曲面为主体，造型看起来圆滚滚的机体，因此我将这款套件的棱边尽可能磨钝，亦适度填平了一些细部结构。此外，更比照《Ma.K》系列的特色为局部关节追加了防尘罩。背后也利用《Ma.K》系列的零件添加了细部修饰。

■涂装上色

在涂装方面，按照《Ma.K》广为人知的形式，仅用笔涂方式上色。由于这款套件整个组装起来后是"人形"，因此用不着喷涂底漆补土就可以开始上色了。首先是涂上黑色系作为底色，接着是涂装主要颜色。此时就算不小心溶解了底色而混合成灰色也不要紧，甚至可以说是相当幸运呢。（笑）毕竟这类颜色的变化有助于营造出立体感。因此接下来要把涂料皿里残余的涂料稍微加一点到主色里，再拿来进行涂装。就这个阶段来说，膝盖后侧等有阴影的部位要使用添加了灰色，让色调变得暗沉的涂料来上色。至于看起来比较明亮的部位，就改为加入少许黄色作为点缀……大致上是用这种方式轻松愉快地上色。若是发现"糟糕，用错颜色了"也没关系，只要重新上色就好。其实这样也能表现出不同的效果喔。

为想象赋予实体，蒙克有无限的可能性

WE ARE MOCK BUILD FIGHTERS!!!

蒙克在前作《敢达创战者》中首次登场，而在《T-RY》中又以新装重新登场。大河原邦男老师设计的"高性能蒙克"终于实现万众期盼的HG套件化。套件虽价格低廉，但其具有的高满足度以及作为改装素体的便利性相信组装过的玩家一定深有体会。本单元介绍的蒙克改装机均为日文版《HJ》杂志主办的敢达模型大赛"全世界我的蒙克选拔赛"开赛前，由编辑部及BANDAI HOBBY事业部责编们以"高性能蒙克+制作家零件HD"为主题用心制作的范例。各位读者可慢慢欣赏制作者们自己心中所描绘的蒙克形象。相信蒙克的无限可能性并不断挑战吧，直至想象的彼端。

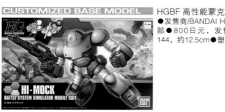

CUSTOMIZED BASE MODEL

HGBF 高性能蒙克
●发售商/BANDAI HOBBY事业部 ●800日元，发售中 ●1：144，约12.5cm●塑胶套件

以与主角机截然相反的风格来表现晕影效果！

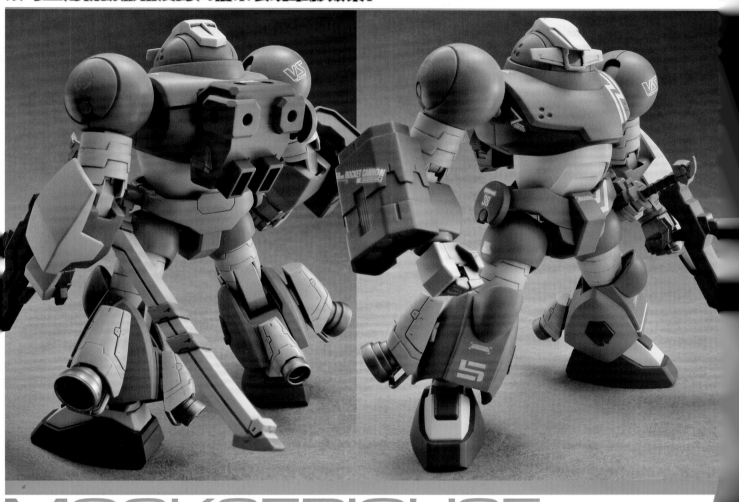

MOCKSERIOUSE

**BANDAI 1:144 scale plastic kit "HG BUILD FIGHTERS" HI-MOCK conversion
modeled by Seiji OKAMURA**

这是由编辑部（征）专用的高性能蒙克。随着改装为中距离至近距离战专用机体，其头部传感器也换成了宽型版本，腿部则是增设了喷射口以强化推进力。在武装方面，除了专用步枪之外，还在右臂设置了380mm连装火箭炮，更在左腰际佩挂了日本刀形的长刀。

▲制作过程中的状态。其头部是以"MS浮游炮01"的浮游炮武器柜B改造所成。传感器部位则是使用了"MS细部结构01"的基座。腿部喷射口零件为"MS喷射口02"的圆形基部的大小，武器使用"MS发射器01"。

BANDAI 1：144比例 塑胶套件
"HGBF"高性能蒙克 改造
蒙克瑟留斯
制作／冈村征尔

引人注意的焦点就是胡子！

Z'MOCK

BANDAI 1:144 scale plastic kit "HG BUILD FIGHTERS"HI-MOCK conversion
modeled by Rijin TAKAHASHI

这是针对水战机能改装所成的高性能蒙克。其背部和四肢的武装挂架等处均设置了水中用喷射背包、螺旋桨，使它在水中活动时更有利。在武装方面，其手腕上配备了铁爪和MEGA粒子炮，在胸部顶面上还设有切割刀（胡子）。

▲制作过程中的状态。将"MS水中装备01"的喷射背包设置在背面和双腿上，接着还选用了"MS局地战装备01"中的B型钩爪，至于肩部则是设置了"MS水中装备01"的喷射背包基座搭配螺旋桨。全身粘贴"MSV"标识贴纸。

BANDAI 1：144比例 塑胶套件 "HGBF"高性能蒙克 改造
兹蒙克
制作／高桥里仁

试着放映一下高性能蒙克最喜欢的MS吧!

MOC-CANNON

**BANDAI 1:144 scale plastic kit "HG BUILD FIGHTERS"HI-MOCK conversion
modeled by Hidetaka YAGUCHI**

这是编辑部(知)用蒙克来模仿个人最喜欢的MS"吉姆加农"。其目的并非营造出强悍感,而是着眼于制作出类似吉姆加农的轮廓。虽然没有特别突出的能力,不过性能确实有所提升喔。

▶为推进背包和左肩甲加装了"MS加农炮01"的加农炮和导弹。头部加装了"MS雷达碟01"中的天线。腰部也追加了"MS装甲01"。至于小腿侧面则是设置了"MS局地战装备01"的气垫零件。

BANDAI 1:144比例
塑胶套件
"HGBF"
高性能蒙克 改造
蒙克加农
制作/矢口英贵

HI-MOCKMAN

**BANDAI 1:144 scale plastic kit "HG BUILD FIGHTERS"HI-MOCK conversion
modeled by BANDAI Hobby Department I**

蒙克只是在对战系统中用来作为交手对象的机体。不过有一名无比热爱蒙克的男子存在!他更制作出了充满英雄气概的蒙克!但可惜的是,这名男子也很喜欢量产机配色……

▶为推进背包设置用"MS浮游炮01"搭配"MS尖刺01"做出的武装。双肩则是加装了"MS局地战装备01"的钩爪基座,而且还加装了"MS局地战装备01"的气垫组件,以及在机身各处追加"MS装甲01"。至于手掌则是改以"MS手-02(吉翁系)"来呈现。

BANDAI 1:144比例 塑胶套件
"HGBF"
高性能蒙克 改造
高性能蒙克超人
制作/BANDAI HOBBY事业部 负责人I

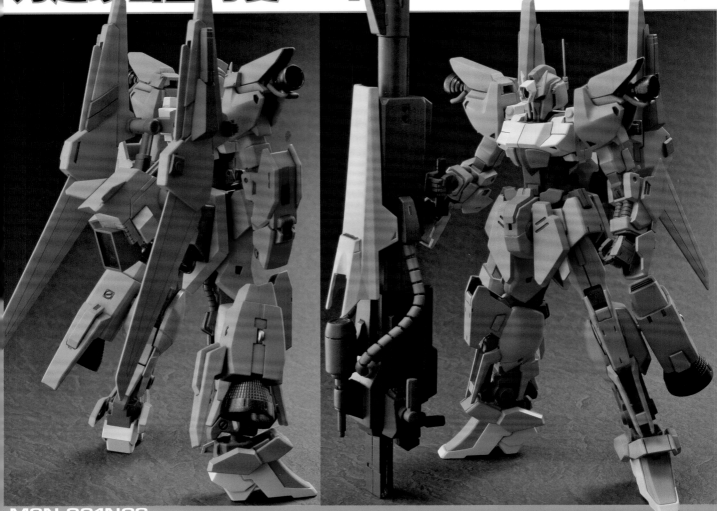

将百万式制作
为超攻击型可变MS！

MSN-001NCS
MEGA-SHIKI CUSTOM

BANDAI 1:144 scale plastic kit
"HG BUILD FIGHTERS"MSN-001M MEGA-SHIKI conversion
modeked by Miyuki UEHARA

　　"MSN-001M 百万式"是以《机动战士Z敢达》中登场的"MSN-00100百式"及其衍生机体为基础制作的敢达模型，HG套件的部分零件沿用了HGUCδ敢达的零件。充分利用这两大要素完成的范例正是出自上原美由纪之手的"MSN-001NCS 百万式改"。

　　他将米加巨炮艇组件分散后装备于机体各处。在充分利用脚部构造的同时，还搭载了百式装备的米加火箭巨炮，使机体可变形为超攻击型飞行形态。该范例充分利用了基础套件的优点，即使从设定观点来看也是完成度非常高的一例作品。

CUSTOMIZED BASE MODEL

HGBF
MSN-001M
百万式
●发售商/BANDAI HOBBY
事业部●1800日元●发售
中●1：144，约12.8cm●
塑胶套件

BANDAI 1：144比例 塑胶套件 "HGBF" MSN-001M 百万式 改造

MSN-001NCS百万式改

制作／上原美由纪

▲头部是以δ敢达的零件为基础，并且搭配制作家零件HD "MS细部结构01"中的高动力MEGA加农炮添加细部修饰所成。杆形天线则是换成了0.5mm黄铜线。

▲在身体方面，为左右肩头的凸起结构追加圆形结构作为细部修饰。基于变形机能上的考虑，在其腰部夹组塑胶板以限制可动范围。

▶在背部方面，为了让它能与MEGA火箭巨炮合体，因此拆掉了原有MEGA巨炮的局部零件，仅保留后侧区块、起落架的连接臂，以及平衡推进翼。至于后裙甲则是加装了制作家零件HD "MS喷射口02"，借此表现出其机动力有所提升。

▲在肩甲方面，以百万式零件为基础，追加δ敢达的顶面装甲，借此加大尺寸。其侧面空间也装上了取自制作家零件HD "MS喷射口02"的圆形喷射口和钩环，使该处能无懈可击。至于握拳状手掌则是以制作家零件HD "MS手03（联邦系·S尺寸）"来呈现。

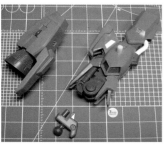

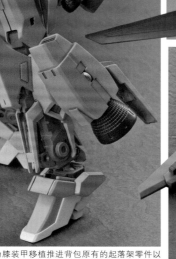

◀▲为膝装甲移植推进背包原有的起落架零件以加大尺寸。踝关节的凹槽也要用AB补土填满。至于小腿侧面则是加装了原有推进背包的喷射器组件。不仅如此，还在喷射器组件的导流板内侧粘贴剩余零件作为细部修饰。

◀▼将平衡推进翼的各可动机翼组装槽削出缺口，使它们能分件组装。飞行形态时挂载于机翼下的导弹取自HG赠奖活动赠品。由于MS形态无法挂载导弹，因此还为挂架制作了盖状零件。

REAR　　　SIDE　　　FRONT

最大限度地有效利用基础套件内容和设定

　　如果将制作本作品时的重点列举出来的话有以下几点。①百万式是以百式及其衍生机为基础制作而成的机体。②HG套件的部分零件使用了具有变形机构的HGUCδ敢达的零件。③将δ敢达设定为省略变形机构，完成百式之前的敢达模型。④将米加骑士炮设定为以兼具百式的米加火箭巨炮和飞行辅助系统功能的米加骑士炮为基础制作而成。根据上述重点，百万式和米加火箭巨炮是以百式为基础的超攻击型可变MS，于是就诞生了最大限度有效利用套件内容和原本的官方设定的本范例。

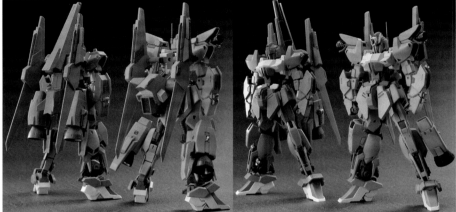

▼▶制作过程中状态和与基础套件素组状态的比较。从照片中可知，加大了头部和肩甲的分量，并且在小腿侧面追加喷射器组件，不仅整体轮廓有了大幅改变，更给人"机体经过强化"的印象。移植腿部侧面喷射器使其成为可变的样子。

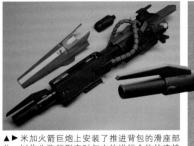

▲▶米加火箭巨炮上安装了推进背包的滑座部分，以作为飞行形态时与本体进行合体的连接点。上方护罩是将推进背包的米加重炮护罩增大后制成，主握柄与前握柄移植自套件光束步枪的握柄。

BANDAI 1：144比例 塑胶套件
"HGBF"
MSN-001M 百万式 改造

MSN-001NCS
百万式改

制作·文／**上原美由纪**

　　由于百万式这款套件是以HGUC版δ敢达为基础，因此腿部留有变形机构。范例中就是利用了这点，并且搭配百式的MEGA火箭巨炮，进而做出能变形为MEGA炮艇型飞行机体的MS。虽然其配色看起来像是比照MEGA炮艇以橙色为主体，不过真正的理由是我喜欢橙色。

■头部制作

　　在头部方面，以生产框架时连带附属的δ敢达用零件为基础，将其脸部削磨得更具锐利感，并且将刻线重新雕得更深。接着还为额部追加了制作家零件HD"MS细部结构01"中的高动力MEGA加农炮，借此凸显出改装感。杆形天线则是换成了0.5mm黄铜线，以免意外折断。

■身体制作

　　原本的腹部既苗条又帅气，虽然腰部的可动范围也很宽广，不过这点反而不利于可变MS的稳定性，于是便在该处夹组塑胶板以限制可动范围。襟领处则是比照δX敢达的设计追加了圆形结构。此外，在腰部中央装甲下侧设置磁铁，让推进背包在变形时能借由磁力与此处连接固定住。

■臂部制作

　　肩甲也是以百万式的为基础，并且加工设置同样是生产框架时连带附属的δ敢达用肩甲顶面零件，借此增大肩甲的尺寸。其内侧空洞则是装上制作家零件HD"MS喷射口02"的圆形喷射口加以掩饰。此外，握拳状手掌选择以尺寸较小的制作家零件HD"MS手03（联邦系·S尺寸）"来呈现。

■腿部制作

　　为小腿侧面加装3mm塑胶圆棒，借此装设原有推进背包的喷射器组件。至于踝关节的凹槽则是用AB补土填满。

■推进背包制作

　　将平衡推进翼的各可动机翼组装槽削出缺口，使它们能分件组装。在飞行形态挂载的导弹方面，这部分取自BANDAI在2014年夏季举办的HG赠奖活动赠品。由于套件本身的起落架零件看起来很帅气，因此将它们改为粘贴在膝装甲上。

■MEGA火箭巨炮制作

　　MEGA火箭巨炮相当适合百式系MS使用呢。范例中利用了百万式推进背包原有的滑轨机构，将该处修改成可以分离的构造。接着将前述机构黏合固定在MEGA火箭巨炮上。至于其前握把与主握把则是利用套件原有光束步枪握把和δ敢达的光束步枪握把设置所成。此外，更在其顶面加装了导流罩以增添分量，同时也发挥了提升整体感的效果。

■配色表

橙＝橙色＋人物黄

白＝终极白

关节＝灰色FS36081＋木褐色

MEGA火箭巨炮＝海军蓝

喷射口＝MS灰（联邦系）

▲MEGA火箭巨炮为主要武器。活用背部的平衡推进翼套件，直接使用附属的光束军刀。

▲变形为飞行状态之际，腰部要旋转180度。此时腰部中央装甲下侧和推进背包之间能靠着磁铁连接固定，借此提高刚性。

▶虽然其配色是以MEGA炮艇为蓝本，不过飞行形态是设计成MEGA炮艇的航空机规格。在MEGA火箭巨炮后侧还设有可供其他机体搭乘的握把。

为Ez-SR融入大战时期的战车风格！

RX-79[G]Ez-SRM
Ez-SARAM

BANDAI 1:144 sacle plastic kit "HG BUILD FIGHTERS"
RX-79[G]Ez-SR GUNDAM Ez-SR conversion
modeled by Hiroshi SARAI(first Age)

　　曾经发表过"惊异渣古（拟真型）"及"老虎S45"等作品的更井广志本次又发布了全新制作的HGBF原创改造机体"RX-79[G]Ez-SRM Ez-SARAM"。作为本作品基础的敢达Ez-SR是《机动战士敢达 第08MS小队》中登场的敢达Ez8改造而成，而Ez8的名称又是由实际存在的美军战车M4 Shaman衍生而来，不仅这一点很引人注目，模型全身都散发着战车风格。范例合理使用了Ez-SR1~3号机的零件，并用剩余零件和制作家零件HD进行细部装饰。作品刻意明确了吉翁与联邦机体的区别，就整个系列来说具有统一感。

CUSTOMIZED BASE MODEL

HGBF RX-79[G]Ez-SR 敢达Ez-SR
●发售商/BANDAI　HOBBY事业部●1800日元，发售中●1:144，约13cm●塑胶套件

BANDAI 1：144比例 塑胶套件
"HGBF"
RX-79[G]Ez-SR 敢达Ez-SR改造

RX-79[G]Ez-SRM Ez-SARAM
制作/更井广志（first Age）

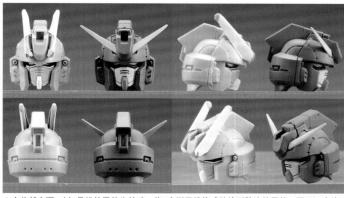

▲在头部方面，以1号机的零件为基础，将V字形天线换成陆战型敢达的零件，而且还在头冠传感器的顶面追加了细部结构。

▲前裙甲追加了MS装甲01，右侧裙甲加工装设了1号机的光束军刀挂架，至于左侧裙甲则是挂载了2个100mm机关枪的备用弹匣。

▲▶为胸部粘贴了制作家零件HD"MS装甲01"，还加上了钩环、缆线等物品作为细部修饰。至于腹部则是用MG版渣古ⅡF2型的膝装甲加工做出了强化装甲。看起来就如战车前端的增装装甲一样。推进背包比较不易中弹处也沿用了比例模型的零件设置传感器和散热器等机构。其货柜是以2号机的导弹吊舱缩减尺寸所成，而且还用陆战型敢达的背包设置了挂架。

◀肩甲使用了造型较简洁的2号机零件，其正面还加装了比例模型用的烟幕弹发射器。左侧拳甲前端加装了陆战型敢达用小型护盾的铲斗。基于左右配重考虑，右侧拳甲前端则是粘贴了MS装甲01。手掌也换成了制作家零件HD"MS手01（联邦军用）"。右膝装甲是取自2号机的零件，左膝装甲则是沿用了陆战型敢达的零件。此外，基于稳定性的考虑，将脚尖换成了陆战型敢达的零件。

◀左前臂拳甲并非电磁指虎，而是挖掘战壕用的铲斗。

REAR

LEFT

RIGHT

FRONT

43

决定大体风格后再慢慢补充细节

开始改造前最重要的是先决定完成状态的整体风格。如果不先决定好整体风格的话在制作过程中方向性很容易偏移，最终完成状态很有可能会与预想的有很大不同。就本范例来说，大前提是"融入战车风格"，同时也包含了从敢达Ez-SR回归原点的意义，在制作细部造型时就是按照这个方向来制作的。反过来说，如果决定了整体风格，细部造型的选择范围也会相应缩小，作品的统一感也就应运而生。

▲▶制作初期阶段已大致决定雏形，在这个阶段原本打算用塑胶板组成箱形的方式来做出背面货柜。制作第2阶段已进一步用剩余零件等材料为全身各处设置细部结构，借此提高密度感。与套件素组状态（左，1号机）的比较可知在追加战车风格装备和细部结构等要素后，整体的军武味道也增加了许多。此外，这件范例亦参考了山根公利老师为庆祝《机动战士敢达 第08MS小队》BD-BOX发售所绘制的高精密度规格陆战型敢达，并且将其形象融入其中。

▲ 为2号机用180mm加农炮的炮口钻挖出防火帽结构，其炮管上方也追加了传感器。至于基座一带则是比照了实际战车的炮管，用塑胶板等材料追加了细部修饰。

BANDAI 1：144比例 塑胶套件
"HGBF"
RX-79[G]Ez-SRM改造

RX-79[G]Ez-SRM
Ez-SARAM

制作·文／更井广志（first Age）

■前言

这次我要担纲制作融入了诸多编辑部所提点子的Ez-SR原创机体。这些点子包含比照近代俄罗斯战车的形象，在右肩设置加农炮、在左肩设置雷达或传感器之类的组件、去掉肩甲上的凸起结构、在胸部或肩甲正面设置烟幕弹发射器、为左拳加装铲斗、省略推进背包的推进器，改为装设货柜，以及将增装装甲制作成反应装甲风格等要素。为了和先前制作的惊异渣古（拟真型）和老虎S45营造出吉翁与联邦之别，我还刻意改变了细部结构等处的风格呢。

■关于套件的使用

本机体基本上使用的是Ez-SR1~3号机（以下记为○号机），还有一部分使用的是HGUC陆战型敢达（以下称为陆敢）。

■头部

以1号机的零件为基础，换成陆战型敢达的V字形天线的零件。

■胸部

为正面设置增装装甲（MS装甲01），并且追加缆线等物品。驾驶室部分使用MGF2渣古的膝部装甲加工新制。

■裙甲

前裙甲追加了MS装甲01，右侧裙甲加工装设了1号机的光束军刀挂架，至于左侧裙甲则是挂载了2个机关枪的备用弹匣。后裙甲装设锚夹弹射器。

■肩甲

拿小比例战车模型（1：76比例 M1）的烟幕弹发射器零件加工装设在此处。

■臂部

手部零件更换为了MS手01（联邦用）。右前臂侧面装备了增加装甲（使用了MS装甲01）、左臂装备了拳甲。

■脚

右膝装甲为带防滑垫的2号机的零件。左膝装甲及脚部前侧使用了陆敢的零件。

■推进背包

以1、2号机（共通）的零件为基础，装设2号机的加农炮，以及加装用3号机传感器改造所成的组件。加农炮本身也追加了传感器，还用剩余零件装饰成更具威力的造型。背面挂架是

▲武器制作了追加榴弹发射器和小型传感器的100mm机枪、光束军刀、带铲斗的拳甲。虽然被背面的集装箱遮住了不太容易看到，但腰部裙甲也用固定架和钢索等进行了细节修饰，使其外形看起来彷如真实存在的战车车体上部的OTM（车外装备）。

在推进背包的左侧设置了可动式传感器组件，以使用的传感器组件为基础，利用剩余零件等材料添加细节修饰所成。这是以3号机机肩部所使用的传感器组件为基础，利用剩余零件等材料添加细节修饰所成的100mm机关枪、光束军刀，以及设有铲斗的拳甲。

◀▲关节部使用套件零件，未进行改变，因此可摆出使用各种武器的各种姿势。可以将其想象为人们在开发MS这一最新兵器的同时仍保留有很浓的战车运用思想的时代中诞生的兵器。

用陆战型敢达的零件缩减尺寸所成，至于货柜则是将2号机的导弹吊舱缩减尺寸而成。另外，为推进背包比较不易中弹处设置散热器、传感器等辅助装置，这部分大量使用了比例模型的剩余零件，借此营造出密度感，堪称是本范例的卖点所在。

■100mm机关枪
虽然是陆敢附带的东西，还是追加了小型传感器和榴弹发射器。

■在机体配色方面
从编辑部提议的从俄罗斯绿和暗绿色这两种颜色中选择了俄罗斯绿作为主色。由于仅使用单一颜色可能会显得不起眼，因此搭配了灰色施加双色涂装。

■涂装配色表
使用的颜料以GSI Creos的Mr.Color为主。
底色＝底漆补土灰色1000→用经过调色的焦棕色作为底色
绿＝俄罗斯绿→浅绿色＋机体内部色
浅灰＝灰色FS36375＋白色
深灰＝灰紫色＋黑色（少许）
机械与关节灰＝灰蓝色＋紫色（少许）
机关枪弹舱用绿色＝俄罗斯绿＋白色
加农炮和机关枪＝立体光影漆组 德国灰VERS－ION→GG高光色1

■大致的涂装顺序
在进行基本涂装时，以刻意让焦棕底色残留一些的方式进行喷涂，再配合各个颜色选用相对应的Mr.旧化漆入墨线和施加脏污涂装，然后用水砂纸、方形锉、笔刀等物品以棱边为中心做出刮漆痕迹，最后将深灰色部位用浅灰色干刷。脚掌一带应该会沾到最多污渍，必须以此处作为旧化重点。

■使用全新制品
为了制作这件范例，《HJ》编辑部除了提供作为主色的MODELKASTEN COLOR俄罗斯绿之外，还拿到了立体光影漆组的3种颜色，以及4种颜色的旧化漆，这些都相当方便好用呢。代替以前常用的珐琅漆，我近来几乎都是使用拟真质感马克笔，不过这次倒是没派上用场。看来这些新式旧化用品是今后在做模型时不可或缺的呢。

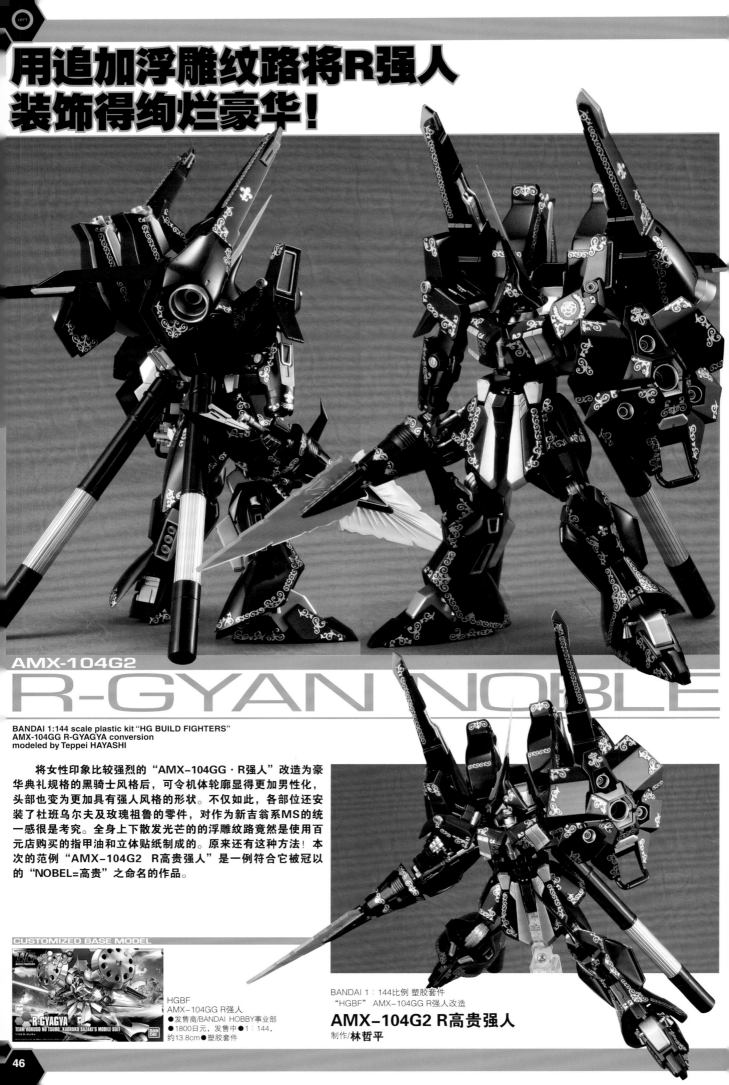

用追加浮雕纹路将R强人
装饰得绚烂豪华！

AMX-104G2
R-GYAN NOBLE

BANDAI 1:144 scale plastic kit "HG BUILD FIGHTERS"
AMX-104GG R-GYAGYA conversion
modeled by Teppei HAYASHI

将女性印象比较强烈的"AMX-104GG·R强人"改造为豪华典礼规格的黑骑士风格后，可令机体轮廓显得更加男性化，头部也变为更加具有强人风格的形状。不仅如此，各部位还安装了杜班乌尔夫及玫瑰祖鲁的零件，对作为新吉翁系MS的统一感很是考究。全身上下散发光芒的的浮雕纹路竟然是使用百元店购买的指甲油和立体贴纸制成的。原来还有这种方法！本次的范例"AMX-104G2 R高贵强人"是一例符合它被冠以的"NOBEL=高贵"之命名的作品。

CUSTOMIZED BASE MODEL

HGBF
AMX-104GG R强人
●发售商/BANDAI HOBBY事业部
●1800日元，发售中●1：144，
约13.8cm●塑胶套件

BANDAI 1：144比例 塑胶套件
"HGBF" AMX-104GG R强人改造

AMX-104G2 R高贵强人
制作/林哲平

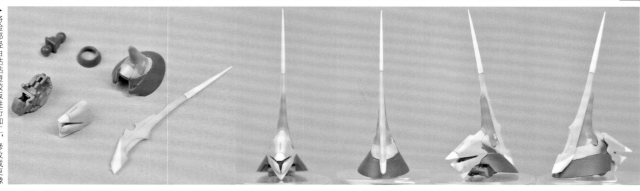

本店其实是以在近藤和久老师漫画中登场的强人为蓝本。附带一提，整体造型选用了在手工艺品店买到的彩珠（莱茵石）的零件。至于单眼则是整体的流畅相连。而且还通过堆栈M、瞬间补土将线条修整成更的容貌。其头冠处黏合了HGUC版巴乌强人风格的容貌，修改成更像将脸部经由粘贴塑胶板进行加工，

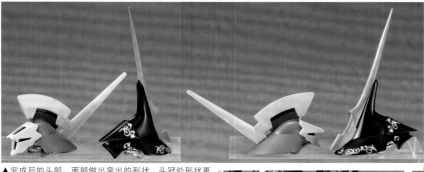

▲ 完成后的头部。面部做出突出的形状，头冠处形状更是修改成了骑士的模样。

▲▶ 由于推进背包的整体尺寸加大了许多，因此对腹部关节的局部进行加工补强。虽然胸部本身的形状未经修改，不过在更动了头部、肩甲、推进背包的造型后，上半身的轮廓也有了大幅改变。

▲▶ 在推进背包方面，将HGUC版玫瑰祖鲁的零件用AB补土与主体连接起来。接着在精神感应干扰货柜外侧加装了HGUC版杜班乌尔夫的平衡推进翼，借此改变整体的轮廓。附带一提，由于整个推进背包实在太重，导致范例难以独自站立，因此拿「制作家零件HD MS槽01」加工装设了增装燃料槽，像MG版Hi-ν敢达一样利用它们抵着地面。

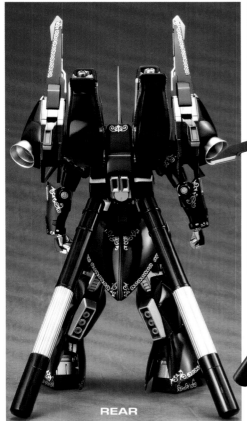
REAR

SIDE

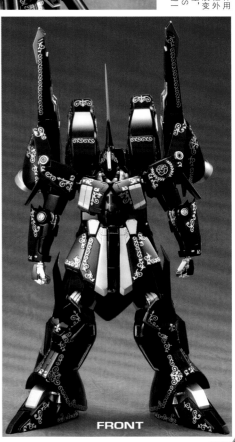
FRONT

47

▲宽阔处基本上是按照套件原样进行制作。为面积较大范例中还为后裙甲内侧的视觉效果可说是重点所在的喷射口装入了市售喷射口零件，借此制作成多重构造。

柱以提高保持力。手腕轴棒角度所成，'而且还用杜班乌尔夫的手掌修改成的黏合剂填满。持拿MEGA光束长枪和瞬间的手掌则是要用塑胶板和瞬间的动'，于可动性优先组装在R强人上。杜班乌尔夫的肩甲才能顺利组装起来，其组装槽则是要用塑胶才件。这部分还必须将其连接零件与R强▲肩甲沿用了HGUC版杜班乌尔夫的肩零人件。

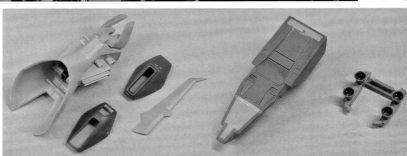

▲使用市售零件并添加细部结构。左肩粘贴的玫瑰型贴纸也是要点。肩部喷射口、肘关节部分的圆形结构完成后的臂部。虽然同为吉翁系机体，却毫无违和感。

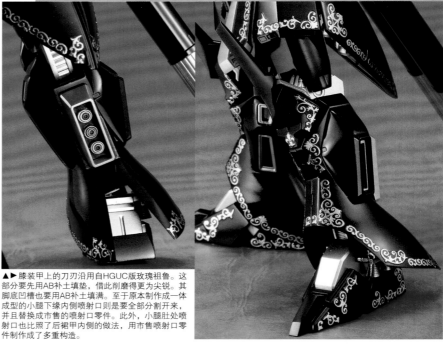

▲▶膝装甲上的刀刃沿用自HGUC版玫瑰祖鲁。这部分要先用AB补土填垫，借此削薄得更为尖锐。其脚底凹槽也要用AB补土填满。至于原本制作成一体成型的小腿下缘内侧喷射口则是要全部分割开来，并且替换成市售的喷射口零件。此外，小腿肘处喷射口也比照了后裙甲内侧的做法，用市售喷射口零件制作成了多重构造。

BANDAI 1：144比例 塑胶套件
"HGBF"
AMX-104GG R强人 改造

AMX-104G2 R高贵强人

制作・文／林哲平

■果然就是该做成强人！

R强人终于上市了。起初为了该如何改装它才好苦思了许久，后来想到了一举颠覆R强人原有的女性般清纯形象，将它修改成更具男性气息的模样！于是便决定制作成豪华绚烂典礼规格的黑骑士型风貌。头部也为此加工成更像强人的造型。至于各部位零件和武器则是沿用自HGUC版杜班乌尔夫和玫瑰祖鲁，使它能拥有就算称为U.C.0086年~U.C.100年的新吉翁系MS也能毫无不协调之处的整体感。详细的制作重点还请参考各照片和图说。

■用美甲和装饰贴纸添加浮雕纹路吧！

我在多年前曾刚好看到一件女性模型师大量使用彩珠（莱茵石）、装饰贴纸、美甲装饰品等材料所做出的作品。当时我就萌生了"只要能巧妙利用这类材料，应该就能做出像是比基纳基娜（贝拉·罗讷特别机）、夏坦（近卫军团专用）之类有着高密度浮雕纹路的范例了吧？"的点子。这次使用量最多的，就是在大创买到的"金色零件贴纸07 古典纹路"。这款贴纸是软质树脂制，图样本身相当柔软，易于密合粘贴在曲面上。其黏性也相当适中，就算稍微贴偏了也能立刻补救回来。就算称为是为了达到模型而存在的浮雕贴纸也毫不为过。但可惜的是，它和其他大创商品具有相同的宿命，也就是周转率相当高，一旦缺货了就几乎不会再度生产，难以期待长久稳定供货。希望试用看看的玩家还请立刻前往大创一趟！

■清除灰尘也是一场硬仗啊！

这还是我有生以来第一次向正宗的光泽涂装挑战呢。如果已经如此谨慎到极点了，却还是发现漆膜上沾到了灰尘，那么也只能大叹无奈了。总之这次我事先熟读了多位汽车模型师前辈的著作，试着向各种避免灰尘的诀窍挑战。

○将房间彻底打扫干净。不仅理所当然地要用吸尘器清理，还要用抹布仔细地擦拭房间里的每个角落。椅子和喷漆箱等物品只要一摆设到位置上就有可能扬起灰尘，因此一定要彻底擦拭干净。在进行涂装时，所有不必要物品都可能是灰尘的来源，最好事先将它们暂放到房间外。

○服装也需要特别留意。衣服也很容易沾附灰尘，最好选择穿风衣外套之类表面比较光滑的服装。头发本身更是产生灰尘的来源之一，因此最好戴上泳帽。另外，在进入涂装作业的房间前，一定要先拍一拍全身各处，尽可能把灰

改装工具无处不在

用浮雕纹路改造出一架典礼用的豪华机体，这在《MSV》中是很常见的光景。而在实际改造过程中，大部分人都会因为不知道如何准备材料而受挫。目前，BANDAI HOBBY事业部及其他各大模型制造商都发售了各种改装零件，但仍然没能够用来做全身浮雕纹路装饰的。而林先生则将着眼点放在了百元店就能买到的立体贴纸上。这种立体贴纸原本是用来装饰指甲或手机的，但它的大小也非常适合敢达模型。价格自然不必多说，使用起来也非常方便，作为改装工具来说非常优秀。因此，在进行敢达模型改造时其实不必刻意纠结发售的专用商品，拓宽自己的视野，说不定会有意外的发现。

▼制作过程中状态与套件素组状态（左）的比较。从照片中可知，范例中几乎是以上半身为中心修改形状，而且还省略了堪称R强人代名词的双肩护盾，借此营造出逆三角形的轮廓。在涂装了光泽黑之后，以比基纳基娜（贝拉·罗讷特别机）和夏坦（近卫军团专用）为蓝本，并且参考了大都会艺术博物馆所收藏的西洋盔甲照片后，以不会显得太过偏门的前提尽可能追加浮雕纹路。借此营造出符合"高贵"之名的贵族式高级气息。

尘给清理掉。

○喷洒水雾也是防范灰尘的良策！为整个房间喷洒水雾后，水分就会带着灰尘降到地面上。光是在作业前如此喷洒一番，状况就会截然不同，相当推荐比照办理！可是一旦喷洒过头，反而会把地面搞得湿湿的，会很容易让人滑倒！

○要注意面纸的种类。虽然面纸是喷笔涂装时的必备用品，不过一般面纸很可能在抽出来的那瞬间让棉絮混进涂料里，导致意外发生惨剧。因此建议选用不会有棉絮脱落的品牌。这方面在入墨线时也能发挥效用，其实是一举两得呢。

○喷笔用涂料一定要用有盖子的容器保存。将加入溶剂调整过浓度的涂料放进纸杯后，随着时间过去，空气中的灰尘可能会渐渐地飘进纸杯里。相信绝大部分模型玩家在喷漆时都曾遇到过"这灰尘到底是从哪里冒出来的？"之类漆膜上突然出现灰尘的情况。它们其实是潜伏在纸杯里啊！因此调整完毕的涂料一定要放在有

盖容器里保存，而且每次都要记得把容器盖好，以免灰尘飘进容器里。

话说即使尽可能地执行了上述避免灰尘的对策，有时漆膜还是难免会沾到灰尘。此时只能先等漆膜完全干燥，再用2000号砂纸把灰尘磨掉，然后重新进行涂装。要是在漆膜尚未干透的状态就强行用砂纸打磨，会使漆膜受损得更严重，反而得花更多功夫补救。进行光泽涂装时最需要的或许正是就算发现沾到了灰尘，也能毫不气馁地处理的坚强精神吧。

■涂装

为了让施加金属质感涂装处的底色具有更高反射率，因此均使用纯黑作为底色。

黑＝纯黑

金＝星光金（50%）＋星光铜色（50%）

金属红＝先喷涂星光银，再以透明红（60%）＋EX-透明色（40%）喷涂覆盖

枪铁色＝星光硬铝色

银＝星光银

完成基本涂装后，再贴上用来呈现浮雕纹路的贴纸，接着用EX-透明漆喷涂覆盖。最后拿眼镜擦拭布沾取保护漆膜用的TAMIYA模型蜡进行研磨抛光，如此一来就大功告成了。

■好想再继续添加装饰啊！

这次为了找装饰贴纸，我也到药妆品店、美甲沙龙、化妆品店等地方逛了好久。这些地方有许多很可爱的装饰品，不过几乎都不适合用来做浮雕纹路。话虽如此，有些可爱风格贴纸似乎能用来做出哥德罗莉风格诺贝尔敢达之类的作品呢……在女性型机体上显然还有不少发挥空间喔。能不断追求崭新的表现手法，这也是敢达模型的乐趣之一。

▲在MEGA光束长矛方面,这部分是为R强人的双头光束剑基座加装市售喷射口零件,以及HGUC版刹帝利修补版的光束载末端制作所成。范例中将其光束刃零件的末端削磨尖锐后,还陆续用研磨剂、TAMIYA模型蜡进行研磨抛光,借此提升其透明度。

▲▶为HGUC版罗森祖鲁用护盾加装工-GUC版强人的可动式挂架,让这面护盾能够用各种角度持拿。装甲的凹槽部分使用补土填平,护盾部分的MEGA粒子炮使用市售零件并进行细部修饰。

如同前述，持拿武器用手取自 HGUC 版杜班乌尔夫，至于张开状手掌则是沿用自制作家零件 HD『MS手 01』。此外，精神感应干扰装置也配合主体涂装成了豪华的「金色玫瑰」。

▲ 完成后的武器。浮雕刻纹装饰非常显眼。不同于强化白刃战同时也以2块护盾强化防御力的R强人，高贵强人充分利用得到强化的机动力，可单骑深入敌阵牵制敌人的行动，并用米加粒子炮将周围的敌机一扫而尽，完成后的机体不禁让人眼前浮现出这样的战斗场景。

尝试用高动力武装强化组
在各种用途上进行应用！

RGM-79PK
GUN-LEG

BANDAI 1:144 scale plastic kit "HG BUILD FIGHTERS"
RGM-237C POWERED GM CARDIGAN conversion
modeled by Katsuhiro MUKASA

在为数众多的HG改装乐系列中，与HGBF强化吉姆卡迪甘同时发售的"高动力武装强化组"内包含了无论设计性、功能性都非常出色的机械臂和其他各种武器，是一套非常优秀的改装零件。而为了摸索这套零件的应用方法而制作出来的正是六笠胜弘制作的"RGM-79PK 炮腿"。机体下半身进行了大胆改造，与其说是MS，倒不如说更像MA或者多脚步行战车风格。工业机械式脚部及各装备的接续部位大多采用了高动力武装强化组。

CUSTOMIZED BASE MODEL

HGBC 高动力武装强化组
●发售商/BANDAI HOBBY事业部●600日元，发售中●1：144●塑胶套件

POWERED GM CARDIGAN
TEAM EV FIGHTERS FUMINA HOSHINO'S MOBILE SUIT

HGBF
RGM-237C 强化吉姆卡迪甘
●发售商/BANDAI HOBBY事业部●1800日元，发售中●1：144，约13cm●塑胶套件

POWERED ARMS POWEREDER
BUILD FIGHTERS SUPPORT WEAPON

BANDAI 1：144比例 塑胶套件
"HGBF" RGM-237C 强化吉姆卡迪甘 改造

RGM-79PK 炮腿
制作／六笠胜弘

腰部区块后方则是移植了HGUC版铁球的二连装加农炮与其基座，借此作为防空武装。至于其顶部则是用强化连接臂加装了制作家零件HD「MS雷达碟01」。在推进背包后方面，将喷射口的方向变更为水平朝后。

▲头部和胸部维持套件原样。肩甲取自高动力型吉姆，其表面追加了制作家零件HD "MS装甲01"。接着还以剩余零件和HGUC版钢坦克的导弹发射器搭配制作出武器臂，这部分不仅能自由装卸，里面还收纳着一般手臂。

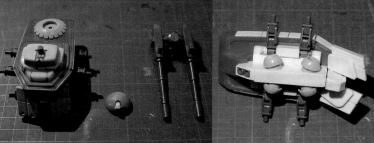

▲腰部区块是将HGUC版精神感应型敢达的脚掌上下颠倒组装所成。侧裙甲同样是组装在强化连接臂上，至于前裙甲则是借由增设MS装甲01加大了尺寸。

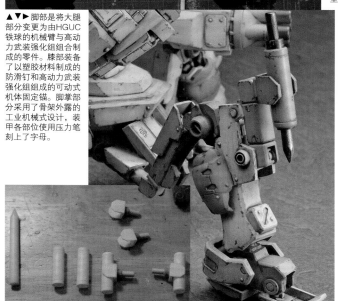

▲▼▶脚部是将大腿部分变更为由HGUC铁球的机械臂与高动力武装强化组组合制作成的零件。膝部装备了以塑胶材料制成的防滑钉和高动力武装强化组组成的可动式机体固定锚。脚掌部分采用了骨架外露的工业机械式设计，装甲各部位使用压力笔刻上了字母。

FRONT

SIDE

REAR

从强化吉姆卡迪甘转变为炮腿的过程

由于当初的理念是"后方承重的强化吉姆卡迪甘装备配置上使用高动力武装强化组，以提高稳定性"，因此是计划将护盾连接到腰部或膝部装甲上。然后"稳定性"这一关键词得到放大，于是决定变更为四脚型。如果是这样的话，那么做得像据点防卫兵器一样会更好吧，于是对武器进行了大幅增加，脚部也追加了机体固定锚。针对"头部及胸部也希望能有一些变化"这一意见，当增加装甲完成时（这一阶段几乎没有任何卡迪甘要素），不知不觉间战车型脚部也已经成型了，这是六笠先生与责编（知）从2014年10月到11月之间商量出来的成果。虽然本单元的主题是改装乐的应用方法，但副标题是"如果遇到瓶颈的话与朋友商量或许也不失为一个好办法吧"。

BANDAI 1：144比例 塑胶套件
"HGBF"
RGM-237C 强化吉姆卡迪甘 改造

RGM-79PK 炮腿

制作·文／六笠胜弘

■主题是……

大家好，我以后也会努力继续创作，还请各位继续给予支持指教！

这次主题是"充分应用高动力武装强化组的范例"，基础机体当然是强化吉姆卡迪甘。以正统派的制作方式来说，应该不太容易找到使用这些关节的机会，因此便朝多关节MA的方向进行制作（到过程中为止是这样啦）。虽然在短期间内便痛快地完成了四脚型机体，不过后来又追加做出了战车型的部分，话说我有2个月没享受过制作战车的痛苦与快乐了呢。（笑）

■制作四脚型

首先是从上半身着手。这部分几乎是直接制作完成，仅在套件内附属的高动力型吉姆肩甲上设置制作家零件HD"MS装甲01"作为细部修饰。炮管是以强化组附属的武器为基础，加装HGUC版铁球的低后坐力炮所成。接着还用剩余零件和HGUC版钢坦克的导弹发射器拼装做出了武器臂。至于下半身则是用剩余零件、强化关节、强化吉姆卡迪甘的零件搭配制作所成。虽然股关节选用了铁球的机械臂基座，不过这部分在保持力上不太令人满意，或许当初选用强化关节来制作会比较好，这点让我有点后悔呢。由于强化关节末端可以直接组装进直径3mm的软胶零件里，因此其通用性相当高喔（对于多关节机体来说相当好应用呢）。

■制作战车型

一提到战车型就会联想到钢坦克呢。话说很久以前就推出过它的HGUC版套件，于是就拿它来修改一番啦。它虽然有着战车的名号，不过车高相当高，整体属于高而窄的模样。其车尾设有斜面，感觉上像是第二次世界大战前的战车呢。首先是拿2份套件来增宽车体，并且通过削除顶面来压低车高。经此修改后，履带会显得松弛许多，这部分要通过调整前后的惰轮来调节（前面的是动轮？）才行。最后是利用强化关节来装设自制的铲斗和货篮。只要再加装车头灯之类小物品添加修饰，这样一来也就大功告成了。即使只有做个大概，不过回收吊臂看起来也颇有一回事呢。

■涂装

由于这次有一半算是战车（？），因此便以比例模型的"融色"涂装方法为主进行作业。也就是先为整体喷涂以深灰色为阴影色，搭配卡其色涂高光色所成的底色。接着拿现用美军皮革色喷涂融合底色。范例中还为橙色和浅灰色部位也稍微喷涂了皮革色，使该处能与底色融为一体。

底色＝灰色底漆补土、卡其色、中间灰V
主体色＝现用美军色（1）
橙＝橙色
浅灰色＝浅灰色FS36495
金属部分＝深铁色
军刀＝荧光黄、荧光橙
入墨线＝深棕色系、橙色系
质感粉末（米格土）＝红棕色系

■总算大功告成啦……

原本以为制作时间很充裕，于是就试着施加各种技法，结果到了旧化时才发现事情全挤在一起了，因此这次到了最后又是被时间给追着跑。我今年一定要脱离这个恶性循环！首先就是别贪心地用上一大堆技法，一定要按照既定计划进行作业……话虽如此，有些事情就是一定得花时间才能获得令人满意的成果，这还真是令人伤脑筋啊。

▼将下半身变更为战车型后，其头部和胸部也搭配了剩余零件等材料设置了增装装甲，此形态称为"RGM-79T假钢坦克"。虽然其稳定性比四脚状态增加许多，不过机动性当然也随之降低了。

◀▲▶ 这是干脆趁势做出来的战车型腿部。这部分是动用2份HGUC版钢坦克的下半身加以增宽，并且尽可能降低整体车高所成。此处当然也充分利用了强化连接臂，例如车头铲斗、车尾货篮就均使用到了这些零件。

▶头部的头盔只是单纯置在上方。天线收纳在了头部内侧！胸部装甲是在剩余零件制成的零件上用MA装甲01和MS侧棱镜01等进行细部装饰。左侧头部的棒状成的零件上用MA装甲01和MS侧棱镜01等进行细部装饰。

◀变形为假钢坦克状态后，在四脚下半身与上半身的连接部位装备上圆'顶状的传感器零件，可将其制成自律攻击型机体。这种不忘初心'快乐地享受敢达模型制作过程的态度是最重要的。

《敢达创战者 炎 TRY》
当中登场的MS就是这样诞生的！

MSZ-008CV
ZII HONOO

BANDAI 1:144 scale plastic kit
"High Grade Universal Century"MSZ-008 ZII &
"High Grade GUNDAM SEED"ZGMF-X23S SAVIOUR GUNDAM conversion
modeled by Seiji OKAMURA

　　《敢达创战者TRY》的官方外传《敢达创战者 炎 TRY》中登场的众多敢达模型与《炎》中登场的范例相同，均是以专栏模型师的想法为基础，并与日文版《HJ》编辑部等《炎》的相关工作人员经过会议讨论后，其存在才渐渐得以官方化。本文介绍的"MSZ-008CV Z II 炎"也是其中之一。

　　零件基本构成是Z II+救世主敢达，同时也采用了部分超级Z敢达炎用零件。沿用的HG救世主敢达的零件在面构成上参照Z II进行了调整，使其匹配性更高。该范例可以说是敢达模型A+敢达模型B改造为新敢达模型的"基本范例"。接下来就为各位介绍一下它的诞生过程。

CUSTOMIZED BASE MODEL

BANDAI 1：144比例 塑胶套件
"HGUC"
MSZ-008 Z II&
"HG敢达SEED"
ZGMF-X23S 救世主敢达 改造
MSZ-008CV ZII炎
制作/冈村征尔

HGUC MSZ-008 Z II
●发售商/BANDAI HOBBY事业部●2500日元，发售中●1：144，约13cm●塑胶套件

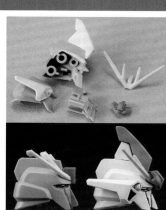

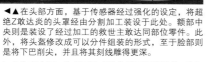

▲▲在头部方面，基于传感器经过强化的设定，将超绝Z敢达炎的头罩经由分割加工装设于此处。额部中央则是装设了经过加工的救世主敢达同部位零件。此外，将头盔修改成可以分件组装的形式，至于脸部则是将下巴削尖，并且将其刻线雕得更深。

▶在胸部方面，将其面构成削磨得更具锐利感，胸部散热槽是以敢达模型对战臂挂武装组的散热槽零件黏合和修整所成。

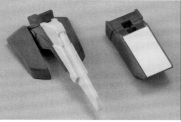

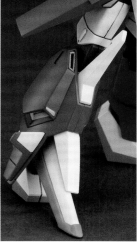

▲▶将正面装甲的前面进行大幅削减，并与进行过同样加工的敢达模型对战肩部装甲的腰部散热板连接。再将后面装甲的孔洞用塑胶板填平。

▲▶在手臂方面，除了在肩甲顶面加装取自救世主敢达的小腿正面零件作为散热板之外，还选用了MP–1E版本的握拳状手掌（HGBF版百万式等套件均有附属这款零件）。

▲至于腿部则几乎是直接制作完成，膝盖和腿前装甲通过修改成白色配色，借此改变此处给人的印象。

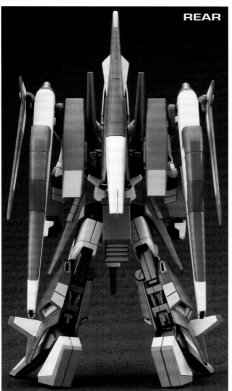

REAR

SIDE

FRONT

▶在推进背包方面，于机首下方装设救世主敢达的同部位零件作为光束炮吊舱，左右两侧则是设置了其背部组件（M106 安福塔斯 电浆收束光束炮＋MA-7B 极猛式光束炮）。前述增装组件的基本构成维持原样，不过面构成规则则是比照ZⅡ的线条修整得更具锐利感，这部分也设定为双重光束加农炮。

▼在武装方面制作了光束军刀和MEGA光束步枪炎。在设定中，其MEGA光束步枪炎在巨剑模式时不仅能从枪口伸出相当长的光束剑，整体也可经由包覆着普拉夫斯基粒子作为破坏巨剑使用。其枪口还配备了切割工具和经由加工救世主救达平衡推进尾翼红色部分所成的零件。由于ZⅡ的光束刃本身为透明红零件，因此范例中替换为其他套件的透明绿版本。

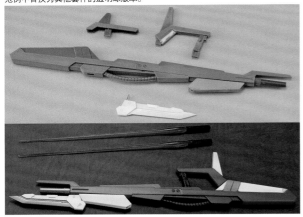

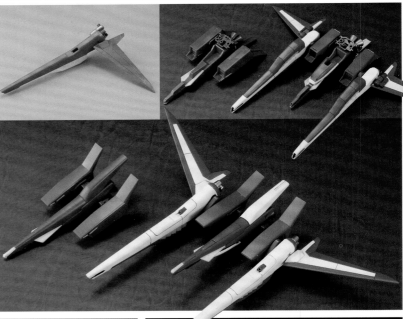

▲与套件素组（左）的比较。ZⅡ本身的形状基本没有改变，其要点在于将青色更改为红色的配色，借由更换配色来改变整体给人的印象。

组合复数套件时的注意事项是什么？《中级篇》

　　ZⅡ炎是以继承勇星的初代爱机"超级Z敢达炎"形象的Z系机体为基础改造而成的敢达模型。在这种情况下，选择可变系敢达为改造的基础机体会比较容易制作吧。本次就将装备救世主敢达的大型光束炮作为一个重点，同时对机体全身涂装"炎配色"，以此来实现大的改变机体印象的效果。最重要的是首先要有明确的蓝图，"自己想对机体进行怎样的改造？"。

BANDAI 1：144比例 塑胶套件
"HGUC版" MSZ-008 ZⅡ 和
"HG敢达SEED" ZGMF-X23S 救世主敢达 改造

MSZ-008CV ZⅡ 炎

制作・文／冈村征尔

■炎所应有的部分

　　既然营造出超级Z敢达炎的形象是前提所在，那么肯定不能少了头罩零件。这部分是将日文版《HJ》杂志2015年5月号特装版附录"HJ制作武装 烈雷剑炎"的头罩零件分割为中央强化传感器和左右散热槽等3部分，再加工装设到ZⅡ头部上所成。至于额部则是装设了经过加工的救世主敢达同部位零件。

　　既然要对应炎系统，那么肯定不能少了胸部散热槽和腰部散热板……因此从敢达模型对战臂挂武装组中沿用了前述零件，不过ZⅡ的相对应部位必须事先加工，才能装上这几个零件。此外，还在肩甲顶面加装取自救世主敢达的小腿正面零件作为散热板。

　　具有抢眼存在感的光束加农炮取自救世主敢达。这部分本身为椭圆柱状，为了让它们与以直线为主的ZⅡ更具整体感，因此将其各个面修整得更平直些。考虑到其基本造型已经算是相当威风帅气了，这方面也就维持原样，不加更动。

　　在武装方面，起初只打算按照原样制作完成，不过总觉得应该添加点修饰才对……于是便在其前端加装了特装版附录中的切割工具，

借此制作成刺刀风格。不过就尺寸来看，这样已经等同是一柄长矛了啊……

■当然少不了炎配色

　　既然是勇星的爱机，那么肯定要采用炎配色。不过这次选用了稍微暗沉一点的红，借此营造出沉稳的形象。

白＝半光泽白（50％）＋终极白（50％）
红＝新吉翁克红（60％）＋亮光红（40％）
橙＝深红
黄＝迈尔德橙
机翼等处＝深红（90％）＋终极白（10％）
关节等处＝中间灰
MEGA光束步枪炎刀刃部位＝刃银色

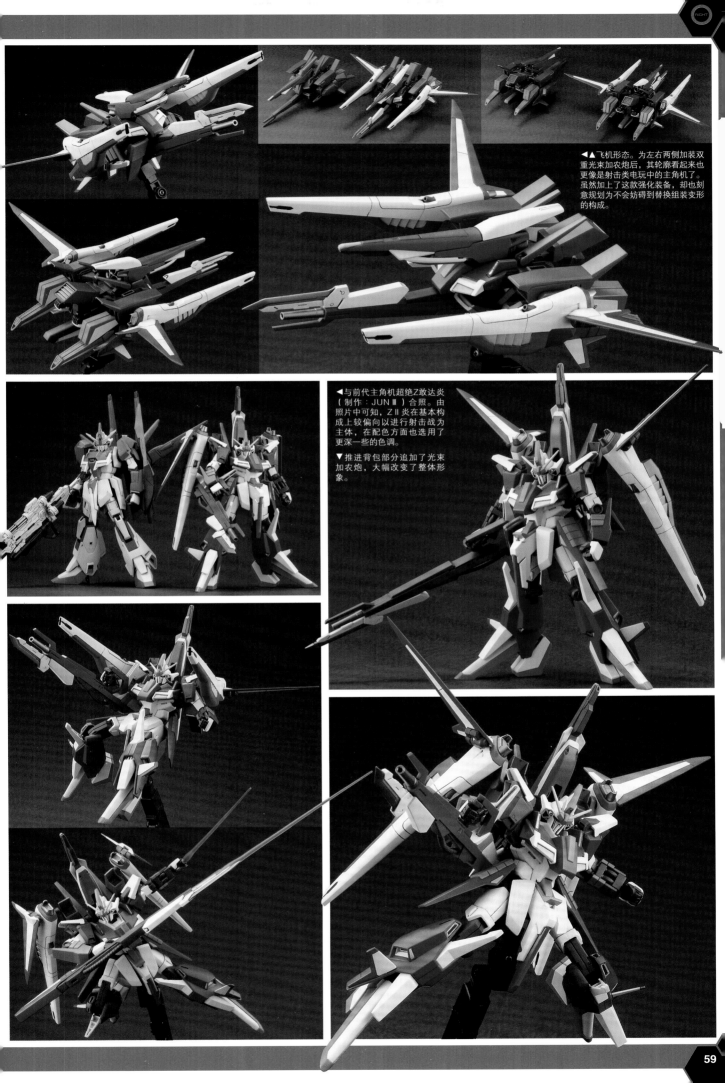

▲▲飞机形态。为左右两侧加装双重光束加农炮后，其轮廓看起来也更像是射击类电玩中的主角机了。虽然加上了这款强化装备，却也刻意规划为不会妨碍到替换组装变形的构成。

◀与前代主角机超绝Z敢达炎（制作：JUN III）合照。由照片中可知，Z II炎在基本构成上较偏向以进行射击战为主体，在配色方面也选用了更深一些的色调。

▼推进背包部分追加了光束加农炮，大幅改变了整体形象。

以衍生机种类丰富的杰钢为基础，
制作只属于自己的定制改装量产机。

RGM-89S/AC
JEGAN MERCENARY

BANDAI 1:144 scale plastic kit "High Grade Universal Century"
RGM-89S STARK JEGAN conversion
modeled by Akira SAKAI

　　"以量产机为基础机体，制作只属于自己的特制MS！"想必每一名模型师都曾考虑过以这种"专属量产机构想"的题材为主题来制作敢达模型吧。本文介绍的杰钢佣兵型就是将这一敢达模型师惯例题材具现化的作品。作为基础机体的正是拥有种类丰富的衍生机的人气量产MS"杰钢"。制作时使用了杰钢和武装强化型杰钢的套件各一套，并且还融入了杰钢D型的外形，背后安装了可换装各种装备的推进背包。完成后的作品虽然是量产机，但在设计方面却极富个性，武器种类也很丰富，是一架特制的专属机体。

CUSTOMIZED BASE MODEL

HGUC RGM-89S 武装强化型杰钢
●发售商/BANDAI HOBBY事业部●2000日
元，发售中●1：144，约13cm●塑胶套件

BANDAI 1：144比例 塑胶套件
"HGUC版"
RGM-89S 武装强化型杰钢

RGM-89S/AC
杰钢佣兵型

制作/坂井晃

右方是以武装强化型杰钢的头部为基础，将面罩上瞬间补土做出并且借由堆叠而凹槽填满所做出的。至于左侧基础则是其右侧一般杰钢的头部分后，亦是移植自武装强化型杰钢的散热槽。

▲以一般杰钢头部为基础，将其形状修改为D型风格。照片中就是装设了这款头部的状态。

◀◀为了让腰部能摆出往前挺的姿势，因此修改了关节的位置。颈关节也用塑胶板延长，借此摆出收下巴的动作。

▼固定脚部软胶零件，切掉部分后，构成最近的套件的样子。

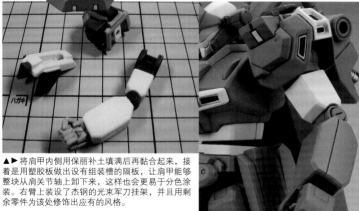

▲▶将肩甲内侧用保丽补土填满后再黏合起来，接着是用塑胶板做出设有组装槽的隔板，让肩甲能够整块从肩关节轴上卸下来，这样也会更易于分色涂装。右臂上装设了杰钢的光束军刀挂架，并且用剩余零件修饰出应有的风格。

▼为了比照设定图稿等资料做出膝关节上的细部结构，因此借由缠绕2mm软质塑胶棒来重现。膝盖骨架的内侧也要适度削掉一些，以免活动时造成干涉。

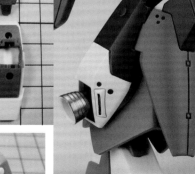

◀股关节则是将内部骨架上方的卡榫削掉，接着更将骨架零件的外侧给削掉，借此扩大该处的可动范围。此外，后裙甲沿用了HG版禁断敢达的侧裙甲。

以衍生机种类丰富的杰钢为基础，制作只属于自己的定制改装量产机。

▶推进背包部分为在武装强化型杰钢基础上进行加工。上部稳定器比较短，使用复合式推进器。背包处增加细部结构后再装上去。

◀亦制作了象征高输出威力状态的光束军刀。

▼制作过程中的状态。其基本轮廓仍相当接近武装强化型杰钢。设置在其推进背包上的武装挂架则是能用来挂载各式武器。

FRONT   SIDE   REAR

将量产机改造为专属机体

　　要让自己的敢达模型具有独创性，比起敢达等专属机体来说，考虑以量产机为基础机体进行改造要更好一些。这是因为在《敢达》系列作品中，有不少冠以"XX专用"或"XX规格"之名的特别量产机登场，而且在实际运用的兵器中也有不少是换装了上一代或者下一代机体的零件，因此，即使是多少有点牵强的敢达模型也能说得过去吧。本次作为基础机体使用的杰钢可以说是长年被使用的长期畅销MS，拥有种类丰富的衍生机体，根据组合方式的不同，能够制作出各种各样的原创MS。换装武器的高通用性也是量产机独有的乐趣之一。"制作家零件HD"的种类也很多，各位不妨积极改装一番。除此之外，由于零件上的细部造型都很细致，因此在制作时最好结合自己想象中的机体进行调整。

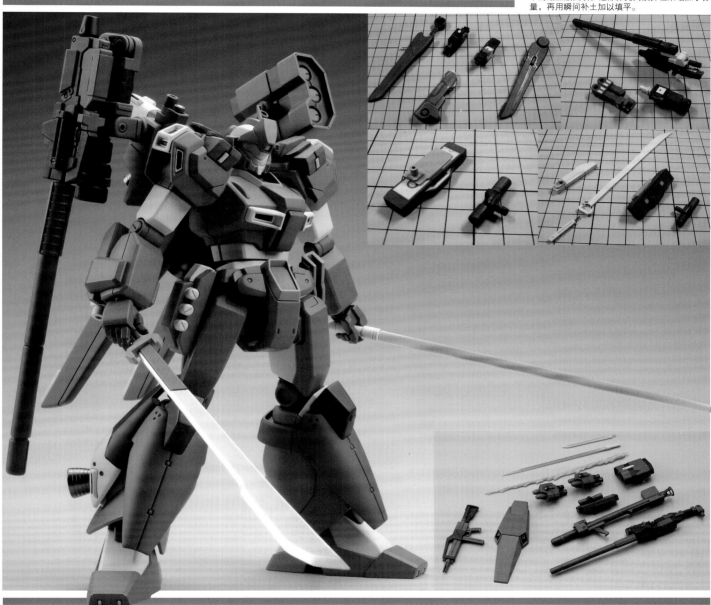

▼肩部超绝MEGA巨炮取自系统武装。其折叠用连接轴是将斩击战机的辅助机械臂加以调整再黏合而成。连接用机械臂取自敢达模型对战臂挂武装组。M1型近接刀取自HG版M1异端式。除了将它削磨锐利与更换配色之外，其他部分基本上维持套件原样。二连装多弹头导弹取自制作家零件HD。这部分仅为弹头进行无缝处理，其余部位则是维持套件原样。三连装反舰导弹沿用自制作家零件HD。导弹吊舱则是取自制作家赠奖活动中的赠品版武装。这部分先用废弃框架增加分量，再用瞬间补土加以填平。

BANDAI 1：144比例 塑胶套件
"HGUC版"
RGM-89S 武装强化型杰钢

RGM-89S/AC 杰钢佣兵型

制作・文／坂井晃

■武装强化型与一般杰钢……

　　想要用武装强化型杰钢和杰钢搭配制作出D型的玩家应该不在少数吧。话虽如此，在我完全放弃之前，ECOAS规格和通过PREMIUM BANDAI销售的各式杰钢衍生机陆续问世，如今种类已经相当丰富，让我完全错过了能够完成作品的时机。所幸这时名为《敢达创战者》的动画上档了。因此我决定做出自创的机体，也就是为D型搭载武装强化型杰钢（以下简称为强化杰钢）的增装组件以达成高机动化，同时也能选择搭配各式武装的万能型杰钢。

■头部

　　头部共制作了2种版本。一种是以武装强化型杰钢的头部为基础，将面罩上的凹槽填满，并且用瞬间补土修改下巴形状所成。至于另一种则是以一般杰钢的头部为基础，并且移植武装强化型杰钢的右侧散热槽所成。

■身体

　　将颈部延长约1.3mm。推进背包选用了强化杰钢的零件。其上方的平衡推进尾翼显得太长，因此范例中沿着刻线部位截断，然后利用市售改造零件重新做出其推进器。此外，我先前曾为了制作D型而钻挖了3mm孔洞，范例中则是利用此处装设了塑胶辅助零件，借此移植了HGUC版德姆热带型的背包，更利用制作改装系列附属的组装槽设置了武装挂架。接着还利用系统武装中的光束格林机炮选择式零件加

工做出了机枪，更追加了小型榴弹发射器。

■腿部

　　在股关节方面，将内部骨架上方的卡榫削掉，接着更将骨架零件的外侧给削掉。这样一来就能稍微扩大该处的可动范围。为了比照设定图稿等资料做出膝关节上的细部结构，因此借由缠绕2mm软质塑胶棒来重现。至于脚掌则是将固定软胶零件的结构给削掉，让这部位在摆设动作时能像现今的新套件一样灵活。

■配色表

蓝＝钴蓝＋冷白＋色之源洋红＋色之源青色

白＝冷白＋海军蓝

灰＝中间灰＋冷白＋紫色

关节等处＝MS灰吉翁系

黑＝午夜蓝＋中间灰

红＝RLM23红色

用英勇的身姿和多性能武器
创造出完美的"只属于自己的最强敢达"！

GAT-X105AC/hs
ADVANCED STRIKE GUNDAM

BANDAI 1:144 scale plastic kit
"HG GUNDAM SEED"GAT-X105E STRIKE NOIR GUNDAM conversion
modeled by Akira SAKAI

　　本书收录的坂井晃原创敢达模型第2弹是"GAT-X105AC/hs 先进强袭敢达"。SEIRA MASUO曾制作的"漆黑强袭敢达改"，本文中介绍的范例结合了HGCE强袭敢达和HG漆黑强袭敢达，在制作时参照了具有最新可动机构的HGCE版漆黑强袭进行改造，并使机体能够装备各种各样的原创武器。通过替换零件不仅可尽情感受到其可玩性，在配色方面也采用了典型的红白蓝三色涂装，充分表现出了最强敢达的英姿。

CUSTOMIZED BASE MODEL

BANDAI 1：144比例 塑胶套件
"HG敢达SEED"
GAT-X105E 漆黑强袭敢达 改造
GAT-X105AC/hs
先进强袭敢达
制作/坂井晃

HG GAT-X105E 漆黑强袭敢达
●发售商/BANDAI HOBBY事业部●1500日元，发售中●1：144，约13cm●塑胶套件

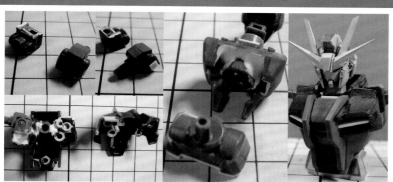

▲▶脸部沿用自HG版能天使。身体是先将套件的内部给挖空，借此装设惊异推进器所附属的连接零件所成。肩部移植了取自HG版神盾的裙甲连接机构，而且还沿用了HGUC版陆战型敢达的肩甲。侧腹部沿用自AGE-1，而且还延长了约1.5mm。多重关节的结构使可动范围扩大了。

◀肩部套件为ABS制球形构造，为了能摆出SEED系姿势，肩部移植了取自HG版神盾的裙甲连接机构，而且还沿用了HGUC版陆战型敢达的肩甲。腕部沿用AGE-2加工而成。手肘护甲是以HG版正义女神中多余的能天使用驾驶舱舱盖零件加工所成。至于推进器则是用HG版雪崩突进型的零件修改而成。

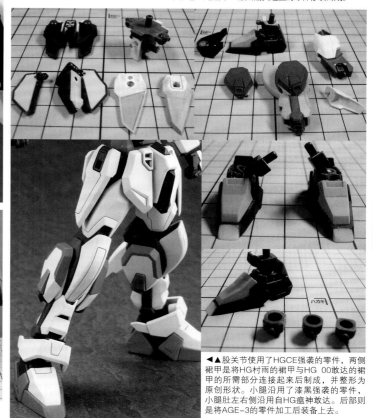

▲制作过程中的状态。还残留有强袭装备的印象，但可以看出追加细节后的轮廓。

◀▲股关节使用了HGCE强袭的零件，两侧裙甲是将HG村雨的裙甲与HG 00敢达的裙甲的所需部分连接起来后制成，并整形为原创形状。小腿沿用了漆黑强袭的零件，小腿肚左右侧沿用自HG瘟神敢达。后部则是将AGE-3的零件加工后装备上去。

REAR

SIDE

FRONT

65

设定与个人设定的不同

在制作者构思的"个人设定"中,明确各部位机能的"设定"在敢达模型制作过程中起着很大的主导作用(参照本文)。但表明机体由来的"个人设定"则往往偏好于将机体设定为最强机体。为了避免武器名称等与既存机体重复,制作时需要非常细心并且要求花费很大的心思,但同时又要求在发表时不会显得过于刻意和张扬,这可以说是制作时的重点所在吧。

▶远程步枪是利用弗莱尔、异端、命运、RG强袭的步枪零件加工制成。光束突击步枪以HG拂晓的百雷为基础,下部是将MG异端红色机改的零件连接在枪上。光束手枪是将光束短步枪增大后,在下部装备上用破甲者加工制成的展开状态和非展开状态,共计制作了4支。

▼背面装备是只有敢达模型范例才可实现的零件构成。基础是雪崩组件,并在其上追加安装了多功能突击攻击装备和飞行组件等。

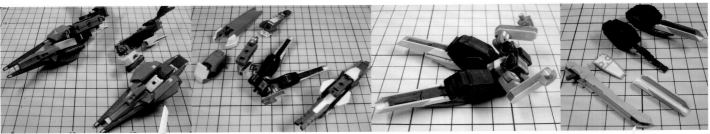

◀▼▶背部是以雪崩能天使突进型的零件为主制成的原创装备"先进攻击装备"。装备的兵器包括上部2种、本体2种,共计可组合出4种模式。

BANDAI 1:144比例 塑胶套件
"HG敢达SEED"
GAT-X105E 漆黑强袭敢达 改造

GAT-X105AC/hs
先进强袭敢达

制作·文/坂井晃

■要参加《敢达创战者》的话就是这个了!

"GAT-X105AC/hs 先进强袭"是以"G-AT-X105E 漆黑强袭"为基础改造而成的高机动战型机体。通过在全身各处增设推进器和更新关节,使机体获得了非凡的启动性和运动

性。机体分为前期型和后期型,两肩下部搭载了原创组件"帕拉夫斯基驱动器",可吸收力场内的粒子,并通过关节进行粒子流动和控制,以最大限度地提高机体运动性能。

■先进推进器(前期型)/先进攻击装备(后期型)

在空战型攻击背包改造型上装备了推进器背包,可实现不规则运动。先进攻击装备可在重力环境下实现长时间悬停,而在宇宙空间则可实现三维高机动战。收纳架内收纳有可与破坏步枪相匹敌的双发型光束加农炮,可一举清扫大范围内的目标。

■光束手枪

以漆黑强袭的光束短步枪为基础,并提高了射程和贯穿力。下部装备了破甲者,可在近距离有效对付零件接缝或装甲接缝等。

■光束突击步枪

枪剑型突击步枪。可转换为速射性高的3点爆发式和贯穿力高的填充式单发枪。下部为分离器,但做了锐化处理,有足够的切断力。

■远射程光束步枪

用于对射程范围外目标进行牵制射击用的步枪。其实并非该范例用的武器,只不过因为完成时间刚好重合,所以就加入可选武器中了。由于是将几年前制作的武器重新进行制作,所以精度较低。

▼除作为辅助机的先进武装战机之外，还制作了2个推进背包和多种武器。完成后的范例可应对所有战况，堪称充分体现坂井晃改造灵感的一例作品。

■试制00式粒子流动近战长刀"近战斧枪"

大型实体剑。全面强化斩击能力，甚至能够斩断光束。将帕拉夫斯基粒子覆盖于刀身还可进一步提升斩断能力。携带时可发挥整流板的作用，装备于机体上时可控制储蓄的粒子，以对机体进行制动，并且还可压缩粒子，形成特殊效果，将斩击化为光束放出。

■配色表

白色=MS白

蓝色=中间蓝+冷白+子夜蓝+紫色
黄色=MS黄
红色=MS红
关节=底漆补土EVO+纯黑
武器黑=子夜蓝

▲可动范围以HGCE空战型强袭为基准，其高度的可动性能也以参加敢达模型对战为目标。

将后继机的零件组合起来，制作强化改装的原创机体。

GN-002IS
IS GUNDAM DYNAMES

BANDAI 1:144 scale plastic kit "High Grade GUNDAM 00"
GN-002 GUNDAM DYNAMES conversion
modeled by Akira SAKAI

　　由坂井晃制作的第3架原创敢达模型是本书首次公布的"GN-002IS 力天使敢达"，该机体是以"GN-002 力天使敢达"为基础制作出来的特装机。力天使敢达在《剧场版 机动战士敢达00 –A wakening of the Trailblazer–》中以修复机"GN-002RE 力天使敢达修复型"的形式登场，而本范例在制作时是将其设定为用第2季登场的后继机"GN-006 智天使敢达"的零件组装而成的强化改装机体。配色方面也以坂井偏爱的蓝色为基调。

CUSTOMIZED BASE MODEL

HG GN-002力天使敢达
●发售商/BANDAI HOBBY事业部 ●1200日元，发售中 ●1：144，约13cm ●塑胶套件

BANDAI 1：144比例 塑胶套件
"HG敢达00"
GN-002力天使敢达改造
GN-002IS
IS 力天使敢达
制作/坂井晃

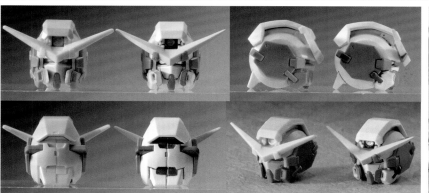

▶通过将配色更改为蓝色来强调头部的变化。头部除了略微削尖刃状天线外几乎保持套件原状。

▶肩部上方配置追加零件，改变了肩部给人的印象。GN剑也可装备于基本位置。前臂几乎是保持原状，但变更了接缝位置，做了分件组装化处理，并用市售零件对前臂的连接关节进行细部造型修饰。脚部是将智天使的零件加工制成追加零件后安装于腿肚和小腿外侧。

▶▼身体也基本保持套件的原状，但颈部后侧安装了能天使的胸部上方零件，在填充空隙的同时进行了细部造型修饰。推进背包整个更换为智天使的零件。前裙甲边缘周围也进行了处理。后裙甲保持力天使零件原状，表现出高机动力的感觉。

FRONT

REAR

SIDE-R

SIDE-L

制作原创改装机感到迷茫时的杀手锏是什么？

　　正如前面所介绍，原创改装机有多种多样的存在方式。如何从这些方式中选择适合的方式，主要取决于自己的制作水平，但有时或许还是会感到迷茫吧。这种时候，推荐利用后继机进行组装。在近年来的敢达作品中，机体要么是在剧中进行升级，要么就是以后继机的形式登场。于是我们不如将二者结合，制作出原创机体。这种做法的好处是二者世界观共通，在线条设计方面不容易出现漏洞，并且也由于规格共通，因此改装起来也比较容易。这时哪怕只是加入自己思考的一两个重点，也能创造出只属于自己的独创性。各位不妨将这种方法当成是迷茫时的"杀手锏"牢记于心。

BANDAI 1：144比例 塑胶套件
"HG敢达00"
GN-002力天使敢达改造

GN-002IS
IS力天使敢达

制作·文/坂井晃

■理念

　　本作品以HG力天使敢达为基础，是我作为撰稿人出道以前制作的敢达模型。我在制作时将其设定为在严重损毁的力天使上强行搭载下线前的智天使的零件，并以与多个目标交战为前提而制造的火力强化型再生机。智天使原本的用途就是将其零件直接安装到力天使上，以构建起机体框架。

　　最后组装出一架感觉还不错的组装机体，但感觉过于贫弱，因此沿用HGUC吉姆III的腰部导弹，并对配色进行了一些变更。除此之外，

还专门为本次刊载从"HG改装零件促销"的武器中挑选了光束重炮和导弹追加至机体上。

　　配色参考了当时预定制作的1.5敢达，将配色变更为了蓝色。虽然是几年前的东西，但还是选择了专用颜料。

■背部

　　设定上此处安装的并非智天使的传感器组件，而是GN力场发生器。

■步枪

　　在智天使的GN狙击步枪II上安装了力天使的GN狙击步枪的瞄准器。由于透明零件是传感器，因此这个瞄准器会在全速前进时使用。在光束军刀特效零件上接了市售的导管，以确保只有在折叠时能展开光束军刀。

■GN手枪

　　追加了枪口，缩短了握柄，但这并没有什么实际意义。

▲与套件素组（图中右侧，PROSHOP专用商品）进行比较。可以看出，配色是原本如此，使用智天使的零件也给机体轮廓增添了几分强化感。

▶基本上都是挑选了具有共通性的武器，但为了机体更加具有范例模型的风格，沿用了HGUC吉姆III的大型导弹，通过统一配色来增加零件与整体的统一感。从 "HG改装零件促销" 的武器中挑选的光束重炮和导弹考虑了力天使的特性，光束重炮采用了高度狙击步枪的配色。

▼关节的可动范围几乎以HG力天使为参照标准，因此敢达的各种动作都不在话下。

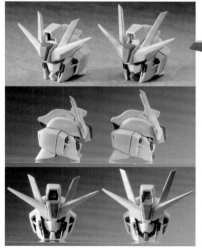

▲▶与IS力天使一起送来的本书专用追加零件"先进强袭用新头部和腹部"。与以往的版本（图中右侧）进行比较应该能感受到这种配色具有重大意义吧。

突破常识！

  由BANDAI NAMCO推出的全新敢达游戏《敢达创坏者2》是以敢达模型为主题的首款敢达游戏系列，推出后引发人们热议的《敢达创坏者》的超进化新作。

  己方机体与其他玩家共同战斗，夺取来袭敌方的敢达模型零件，用来制作自己的敢达模型，这一理念在本作中也得到了完整保留，收录的敢达模型达100架以上（不含衍生机），导入了零件成长系统，并且还新增了可以玩家为主人公展开全新故事的剧情模式等，较前作而言有超大幅度的升级。各种零件的组合方式高达100亿之多，使机体改装充满无限可能，并且还有免费的追加任务，是一款"能够长久赏玩的敢达游戏"。可以说是完美实现前作粉丝的"如果能这样的话……"这一愿望的一款力作。

  本单元介绍的是《HJ》特别企划中曾刊登的原创敢达模型，是将游戏中实际活跃的机体进行立体化后的产物。接下来就请各位通过包括本书首发新作在内的3例原创敢达模型中感受一下无限的可能性吧。

GUNDAM BREAKER 2

Destroy the huge Gundam
and customize your own strongest Gundam ガンダムブレイカー

CUSTOMIZED BASE GAME

《敢达创坏者2》
●发售商/BANDAI NAMCO GAMES●7600日元（PS3）、6640
日元（PS Vita），发售中●创坏共斗动作游戏●PS3/PS Vita专
用（支持共享存档）

找到它！
只属于自己的可能性!

　　《敢达创坏者2》能够轻松进行无限可能的改装（含
配色变更），但敢达模型尺寸多变，也不会像游戏中那样
做好了绝妙的调整，在进行改造时需要对比例进行变更
（实际制作范例时的前提是进行了相当大的比例调整）。
各位大可充分利用游戏特点来拟订敢达模型计划，即使在
游戏里也可享受制作敢达模型的乐趣。

实际动手制作出《敢达创坏者2》中的原创敢达模型（1）。

用敢达模型重现游戏《敢达创坏者2》中创造出的机体，这就是范例模型企划"《敢达创坏者2》我的专用机体TRY"。企划的第1件作品是上原美由纪的专用敢达模型"闪电敢达III"。该范例是以闪电敢达等Z系机体+α共同构成，给人一种十分犀利的感觉。

GUNDAM BREAKER 2
ガンダムブレイカー

GUNDAM LIGHTNIKU-III

BANDAI 1:144 scale plastic kit "High Grade"
LGZ-91 LIGHTNING GUNDAM&MSN-011 S GUNDAM&GNX-609T GN-XIII&MBF-P02 GUNDAM ASTRAY RED FRAME conversion
modeled by Miyuki UEHARA

CUSTOMIZED BASE MODEL

LIGHTNING GUNDAM
TEAM TRY FIGHTERS YUUMA KOUSAKA'S MOBILE SUIT
BANDAI

HGBF LGZ-91闪电敢达
● 发售商/BANDAI HOBBY事业部 ● 1600日元，发售中 ● 1：144，约14cm ● 塑胶套件

BANDAI 1：144比例 塑胶套件
"HG" LGZ-91闪电敢达&MSN-011S敢达&GNX-609T厄运式III&MBF-P02异端敢达红色机（飞行组件装备）改造

闪电敢达III
制作/上原美由纪

74

上部是保持了套件的天线，对面进行了分件组装补土，以便进行涂装。颈部围上AB补土，以便进行涂装。但头部形状如果保持原状的话，臂部、脚部形状在大小和位置关系上都会产生违和感，因此夹脚垫片进行延长，以保持比例平衡。

▲▶削尖了头部的天线，保持了套件原状。

▲与HG闪电敢达（图中左）进行比较。头部和身体虽然使用的是闪电敢达的零件，但臂部和脚部的变更，以及以橙色为基调的配色使得机体给人的印象大不相同。

REAR

SIDE

FRONT

BANDAI 1：144比例 塑胶套件
"HG" LGZ-91 闪电敢达&
MSN-011 S敢达&
GNX-609T 厄运式III&
MBF-P02异端敢达红色机（飞行组件装备）改造

闪电敢达III
制作·文/**上原美由纪**

■我的敢达模型才是最强的

本次是《敢达创坏者2》发售纪念范例。接下来就请各位欣赏"我制作的最强敢达模型"。

■制作理念

基本是以闪电敢达为主。制作时考虑在此基础上组装Z系敢达的零件。这样的话，手臂就决定选用比较灵活的S敢达的零件了。脚部也考虑过使用ZZ敢达或者Z敢达，但如果全部使用Z系零件的话感觉给人的冲击感会比较弱，因此特意选用了厄运式III。推进背包原本也可保守地选择Ex-S敢达或者Zeta Plus，但为了体现出HJ原创敢达模型的特色，我选用了异端敢达红龙型。

■作业过程

身体方面是将下半身与厄运式III连接处的安装部位削细，插入球形软胶零件进行连接。肩部转轴略短，因此夹上垫片进行延长。与游戏不同，如果脚保持原状的话机身高度会显得较矮，因此在小腿处延长4mm，在脚的基部延长3mm，使机体比例更加合理。推进背包上的3把（！）王者之剑将前端略微削剪后接上塑胶棒，削尖。机体各部位都安装上制作家零件HD的"MS侧棱镜01（绿色）"进行细部造型修饰。

■配色表

橙色=底漆补土→白色→橙色+个性黄
黄色=底漆补土→个性黄
白色=灰色FS36622
黑色=海军蓝+子夜蓝
关节=灰色FS36081+木棕
银色=镀银NEXT

果然玩游戏也是敢达模型最赞！

实际动手制作出《敢达创坏者2》中的原创敢达模型（2）

VXSTAIR GUNDAM

GUNDAM BREAKER 2
ガンダムブレイカー

BANDAI 1:144 scale plastic kit "High Grade"
RX-93-ν2 Hi-νGUNDAM&GNT-0000 00 QAN[T]&MBF-P03second L GUNDAM ASTRAY BLUE FRAME second L&
BG-011B BUILD BURNING GUNDAM conversion
modeled by Seiji OKAMURA

　　"《敢达创坏者2》我的专用机体TRY"范例的第2件作品是用历代主角系敢达的零件组装而成的"维克史提亚敢达"。负责制作的(征)用敢达模型重现出了他在游戏中使用的机体。另外，机体名称源自"维克塞利欧斯·天卫一"。

CUSTOMIZED BASE MODEL

HGBF 创制燃焰敢达
●发售商/BANDAI HOBBY事业部●1400日元，发售中●
1：144，约13cm●塑胶套件

BANDAI 1：144比例 塑胶套件 "HG"
RX-93ν2 Hi-ν 敢达&GNT-0000 00量子型&
MBF-P03 second L异端敢达蓝色机二型L&BG-011B创制燃焰敢达 改造

维克史提亚敢达
制作/冈村征尔

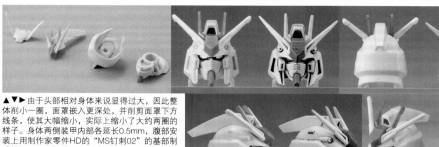

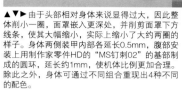

▲▼▶由于头部相对身体来说显得过大，因此整体削小一圈，面罩嵌入更深处，并削剪面罩下方线子，使其大幅缩小，实际上缩小了大约两圈的样子。身体两侧装甲内部各延长0.5mm，腹部安装上用制作家零件HD的"MS钉刺02"的基部制成的圆环，延长约1mm，使机体比例更加合理。除此之外，身体可通过不同组合重现出4种不同的配色。

▲◀臂部方面将肩部上侧基部垫高1mm，与身体部分的连接改为使用「HG改造展销」的HG武器及5mm的球形关节。除此之外还安装了用制作家零件HD「MS钉刺02」的基部加工制成的圆环，使左右共计增宽了4mm。

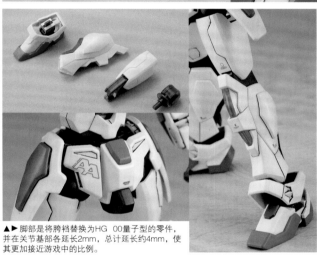

▲▶脚部是将胯裆替换为HG 00量子型的零件，并在关节基部各延长2mm，总计延长约4mm，使其更加接近游戏中的比例。

◀▲对00量子型推进背包的机械臂内侧的空洞部分进行了填补，并在各部位安装棱镜零件进行细部造型修饰。配色方面则是反转了原本的配色，以改变机体给人的感觉。

REAR　　　　　　　　**SIDE**　　　　　　　　**FRONT**

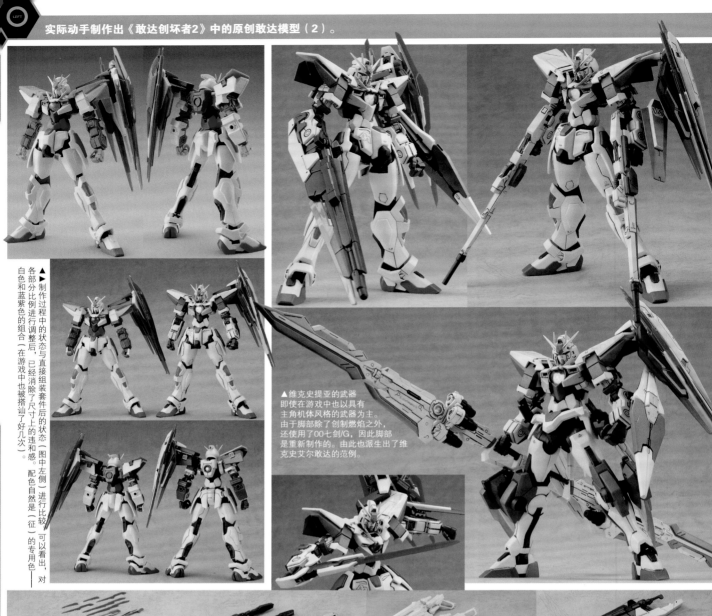

▲维克史提亚的武器
即使在游戏中也以具有
主角机体风格的武器为主。
由于脚部除了创制燃焰之外，
还使用了00七剑/G，因此脚部
是重新制作的。由此也派生出了维
克史艾尔敢达的范例。

▲▶制作过程中的状态与直接组装套件后的状态（图中左侧）进行比较后，已经消除了尺寸上的违和感。配色自然是（征）的专用色——对白色和蓝紫色的组合（在游戏中也被搭讪了好几次）。

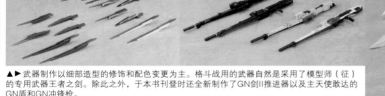

▲▶武器制作以细部造型的修饰和配色变更为主。格斗战用的武器自然是采用了模型师（征）的专用武器王者之剑。除此之外，于本书刊登时还全新制作了GN剑II推进器以及主天使敢达的GN盾和GN冲锋枪。

BANDAI 1：144比例 塑胶套件
"HG"
RX-93-ν2 Hi-ν敢达&
GNT-0000 00量子型&
MBF-P03 second L 异端敢达蓝色机二型L&
BG-011B 创制燃焰敢达 改造

维克史提亚敢达
制作·文/冈村征尔

■机体冷酷，内心火热

　　继前作之后，《敢达创坏者2》我当然也在玩哦！前作中觉得"要是这样就更好了！"的部分基本都得到了改善，是一款玩起来"让人感到很开心的游戏"。另外，由于这次采用了王者之剑，因此我也稍微参与了一点游戏制作（制作组还大发慈悲地把我的名字写进了制作人员名单里。太开心了）。

　　这次我也制作了很多爱机，但是由于跟上原美由纪说好了要用《敢达创战者TRY》中登

场的机体的零件来制作范例……于是就决定制作现在这架机体了。我的机体重视中距离~近距离，特征是装备了我喜欢用的王者之剑。

　　使用的零件如下：

头部：Hi-ν敢达
身体：00量子型
臂部：异端敢达蓝色机二型L
脚部：创制燃焰敢达
推进背包：00量子型
格斗武器：王者之剑
射击武器：双破坏步枪（EW）
护盾：敢达AGE-2基本型

　　制作时的主要工作是零件的比例变更。这次的游戏在机体比例转换上也显得非常巧妙和自然，因此在实际制作敢达模型时还挺不容易的。最难的就是Hi-ν敢达头部的缩小。大概缩小了两圈的样子。

■涂装

　　就是常用的维克塞利欧斯配色。

白色=半光泽白
蓝紫色=紫色（30%）+钴蓝（40%）+蒙瑟红（10%）+白色消光剂（20%）
关节灰=灰色24
淡灰=半光泽白（60%）+航空灰（30%）+钴蓝（10%）
红色=红色1（70%）+白色（30%）
黄色=黄色7+橙黄色（少量）

　　标识使用的是手边的各种水贴纸。除了透明零件之外，其他零件都在最后喷涂了薄薄一层珍珠白，使零件看起来有游戏的整体光泽20+整体金属感30。这次除了武器的追加制作之外还对创制燃焰的构成进行了升级。

▼►维克史提亚使用了即使在游戏中也很难入手的王者之剑，很擅长广域空间内的格斗战。由于使用了创制燃焰的脚部，因此在战斗中可使出次元霸王流圣枪飞腿。

◄▲收录于本书时全新制作了创制燃焰敢达的头部、身体和臂部，可用于重现创制燃焰敢达（VXS配色）。由于原本的红色部分几乎变成了蓝紫色，因此机体给人的印象应该会大不相同吧。

实际动手制作出《敢达创坏者2》中的原创敢达模型（3）。

VXSNES GUNDAM

GUNDAM BREAKER 2
ガンダムブレイカー

BANDAI 1:144 scale plastic kit "High Grade"
MBF-P02 GUNDAM ASTRAY RED FRAME&BG-011B BUILD BURNING GUNDAM&
GAT-X207 BLITZ GUNDAM&GN-0000GNHW/7G 00GUNDAM SEVEN SWORD/G&BB-01 BUILD BOOSTER conversion
modeled by Seiji OKAMURA

　　"《敢达创坏者2》我的专用机体TRY"范例第3弹是本书专用的全新作品，以用于替换维克史提亚敢达的零件为前提，精心挑选敢达系零件制成的"维克史尼斯敢达"。本范例也是将模型师（征）在游戏中实际使用的机体以敢达模型的形式重现出来，并最大限度地有效利用固定武器制成战斗机体。此外，机体名源于"维克赛欧利斯·天卫一"。

CUSTOMIZED BASE MODEL

HGBF
创制燃焰敢达
●发售商/BANDAI　HOBBY事业部●
1400日元，发售中●1：144，约
13cm●塑胶套件

BANDAI 1：144比例 塑胶套件"HG"
MBF-P02 异端敢达红色机（飞行组件装备）&
BG-011B 创制燃焰敢达&GNT-X207 雷击敢达&
GN-0000GNHW/7SG 00敢达七剑/G&BB-01 创制加速器 改造

维克史尼斯敢达

制作/冈村征尔

▲头部是HG红色机……或者说目前这状态应该说是使用的同样稀有的日文版《HJ》杂志2013年10月号附录「异端敢达改造套件」。不仅如此，光束天线是利用专属模型师特权而使用了透明版的零件（游戏版中使用EX ACTION「圣龙之首」来提升机体性能）。颈部与推进背包间的创制加速器是将HG创制改造零件的颈部延长了约1mm。推进背包的创制加速器的创制燃焰敢达是将装备上去的话加速器与推进背包本体之间的距离会过宽，并且装备方法也比较特殊，因此将装备方法改为在创制燃焰敢达的推进背包中央钻出3mm的孔后再进行装备的方式。

▲臂部的雷击敢达在游戏中是采用了MG的细部造型，因此在制作时也以此为参考，追加了细部造型，更换了零件，改变了机体给人的印象。

▲制作过程中的状态。臂部及推进背包的安装方法是选择了可以不用加工就直接进行组装的零件。但除此之外的部分几乎都是选择了可以不用加

◀由于拼装的主题是「充实固定武器」，因此维克史尼斯装备了总计11件手持武器。范例自然也对此进行了重现。

▲与维克史提亚敢达摆放在一起。由于配色与关节零件都进行了统一，因此几乎可以像游戏中那样自由交换零件和构成。

BANDAI 1：144比例 塑胶套件
"HG"
MBF-P02异端敢达红色机（飞行组件装备）&
BG-011B 创制燃焰敢达&
GNT-X207 雷击敢达&
GN-0000GNHW/7SG 00敢达七剑/G&
BB-01创制加速器 改造

维克史尼斯敢达

制作·文/冈村征尔

■11件武器

接下来依然是《敢达创坏者2》的范例。随着游戏进度的推进，我也入手了越来越多的敢达模型零件，看着这些零件就想尝试各种不同的组合，这就是模型师的天性。因此，游戏内的设计图保存数量也已经不够（！）我用了。而这些机体大多都是白色和蓝紫色涂装，这也已经是公开的秘密了。

使用的零件如下：

头部：异端敢达红龙型
身体：创制燃焰敢达
臂部：雷击敢达
脚部：00敢达七剑/G
推进背包：创制强袭敢达
格斗武器：GN剑II长剑&GN剑II短剑
射击武器：GN冲锋枪

该机体选择了可充实固定武器的零件并且重点选择了与该机体颇有渊源的机体（红龙型及00七剑）的零件。不同于维克史提亚敢达的是，该机体在选择时注意保持了零件大小的统一，因此在制作时没有变更零件大小。而游戏中使用的雷击敢达臂部是MG的细部造型，因此该范例在制作时也相应地进行了一些改造，使其更加接近游戏。制作时以细部造型的变更为主，但上臂如果替换成MG的话就会与强袭同型了，因此，上臂移植了没有多功能突击攻击装备的HG强袭敢达的零件。拳头是使用了制作家零件HD"MS手03"和HGBF创制强袭的拳头并进行细部造型修饰后制成。

其实除了这些之外我还制作了很多换装用零件，但由于时间和篇幅的关系只好就此打住。

近距离接触 "MASUO细部造型" 的终极秘密！

BANDAI 1：144比例 塑胶套件
"HGBF"

BG-011B
创制燃焰敢达
制作/SEIRA MASUO

BG-011B
BUILD BURNING GUNDAM

BANDAI 1:144 scale plastic kit
"High Grade BUILD FIGHTERS"
modeled by SEIRA MASUO

CUSTOMIZED BASE MODEL

HGBF
创制燃焰敢达
●发售商/BANDAI HOBBY事业部●1400日元，发售中●1：144，约13cm●塑胶套件

职业模型师SEIRA MASUO是万人公认的原创敢达模型制作王牌。日文版月刊《HJ》杂志的"敢达模型LOVE"是一个抛开一切束缚，随心所欲发挥创意的敢达模型范例单元，而MASUO也是该单元的"盟主"。MASUO以其独到的见解制作的原创细部结构，通称"MASUO细部造型"自然必不可少，再加上精准的比例修改，并用画笔对模型全身进行上色和涂抹透明消光剂，完成后的范例都极具特色，可以说是只有他才能完成的作品。

"MASUO细部造型"的存在作为一种风格而得到强调，并且正如一直以来的那些范例解说所描述，MASUO细部造型已在一定程度上形成了有固定模式的雕刻、充分利用零件框制成的凹凸细部造型等。该技术可以从过程展示照片或范例中学到，而真正让人看不透的是其中的"逻辑"。虽然在前言中公布了一些，但仍留有许多疑问。

人会对自己不明白的事物表现出强烈的兴趣。心里想着"想知道究竟是怎么作业的"。对所有模型师的技术抱有浓厚的兴趣，不断积累相应的技术和知识，这与模型是否为原创无关，而是"制作敢达模型"的必要条件。

本文将以创制燃焰敢达中的细部造型为例，为各位解说MASUO范例中的魅力。

▲MASUO亲笔写画的解说笔记。我们将通过该解说笔记和MASUO拍摄的过程展示照片来带领各位近距离接触"MASUO细部造型"的秘密。

SEIRA MASUO使用的工具大公开！

▶2把在百元店购买的铁锉刀和已经生锈变钝的铁锉刀。基本来说我是不用砂纸的，都是先用上面的2把锉刀来粗磨之后再用下面那把钝锉刀来进行修饰。美工刀是刀尖呈锐角的和普通的各一把。下面那把美工刀虽然是在百元店购买的，但本体是金属（？）制成的，拿在手里有一定的重量感，在雕刻纹路时非常好用。

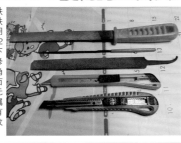

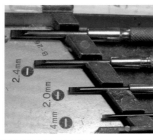

◀雕刻刀是将在百元店购买的精密一字螺丝刀打磨锋利后自制的。从雕刻刻纹到凹部雕刻，几乎都要用这个，可以说没有这个就什么也做不成了。用精密螺丝刀来加工制成雕刻刀虽然难度不小，但用锉刀慢慢打磨的话还是可以完成的。

▶颜料盘是在百元店找到的陶瓷颜料盘。笔是百元店买的黄鼠狼毛笔。从宽广的面到狭窄的面几乎都是用这一支笔来进行涂装。缺点是容易掉毛，笔头很快就会变细。因此必须多买一些备用。

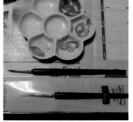

◀水口钳、镊子和瞬间黏合剂都是百元店商品。我几乎不去模型店，所以全都能在百元店搞定想要的工具。

▶用于凹凸细部造型的零件框和标签。零件框成板状，标签打磨掉表面的刻印，自制为塑胶板状。我在用照片进行解说时写的塑胶板其实就是这个。

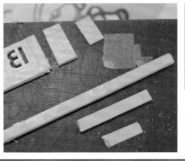

▲前后粗细相同的刻纹。后侧中央部位贴了塑胶板，并将塑胶板两侧雕刻得更低一些。这样看起来应该就会显得大不相同了。我时常留心这种凹凸所带来的视觉效果，如果只用刻纹的话会使造型显得过于单调，我会尽量避免这种情况发生，同时也思考细部造型究竟该如何制作（话虽如此，其实几乎都是无意识的）。那么接下来我们就用实际作业来进行说明吧。

什么是"MASUO细部造型"的基本加工风格?

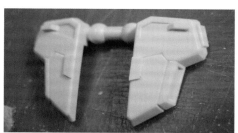

▲首先试着来加工一下创制燃焰敢达的腰部前裙甲。先用铅笔描出草稿线。开始点是"零件的末端(边缘部分)",沿着该零件的边缘,向希望延伸的部分(大多是凸型零件)追加刻纹。之后,为了使最开始说的标签的形状显得更加立体,追加一些凹陷线条等。

▲沿着草稿线实际雕刻出刻纹后的状态。如果只是这样的话还是会觉得有些单调吧。于是我们来试用凹凸细部造型来增强视觉效果吧。

▲以自制塑胶板为基础,配置细小的装饰部分。刻纹终点配置梯形细部,边缘配置凸型细部。在更前面的凹形纹路处也配置凸状细部。这样就能增强视觉上的高低差了。

▲接下来以创制燃焰的大腿为例进行说明。小腿也基本与此相同,曲面不太好处理,因此在制作时需要多加注意。先用铅笔描出草稿线。

▲用美工刀或雕刻刀刻出刻纹,用零件框或零件框标签准备好塑胶板。

▲贴上塑胶板,用雕刻刀完成开裂部分的刻纹。在这一步中,充分利用了细部原有的凹陷来突出视觉上的凹凸效果。

▲小腿上有弧度很大的曲面部分,因此在作业时需要慎重。不过,基本作业顺序跟腰部裙甲和大腿部分差不多。

▲以末端为中心配置开裂状纹路。更在部分末端配置了梯形的凸起纹路。虽然就这样也挺不错,但还是想做得更好一些。

▲于是我在中央部位配置六角形纹路。这样比例看起来就更协调了。

"MASUO细部造型"完成

▲作业完成后的状态。之后再用笔涂上丙烯颜料(白色除外),然后用喷罐喷涂透明消光剂之后就完成了。涂装时则是"一边观察套件配色一边调整为柔和色调的配色。有刻纹的部分需要适当进行分色处理的地方较多"。另外,虽然照片上看起来很整洁漂亮,但实际用肉眼观看时还是会看出上色不均匀的地方(不过最近几年学会用消光剂来覆膜之后这个问题在很大程度上得到了解决)。

什么是通过凸起细部来调整量感?

▲创制燃焰敢达的脚腕感觉略细了一点,因此在侧面贴上零件框塑胶板,提升横向的量感。为了使贴上的塑胶板能够尽量自然地与零件融为一体,在周围追加了刻纹和有高低差的部分。

细部造型的构思方法是什么?

　　MASUO说"关于这点嘛,只要自己觉得'帅!'就行了。幸好近年来以RG系列为首出了好多细部造型很精致的套件,以这些细部造型为参考,探索出有自己特色的细部造型表现形式也挺好的吧?"。说到底,在讨论品位之前,还是只能靠经验(实技和知识)的积累了吧。

在参照UC世界观中的可变MS的同时进一步强化机体特性！

MSZ-006A1

Z plus

BANDAI 1:144 scale plastic kit "High Grade Universal Century"
MSZ-006A1 Z plus [UNICORN Ver.] conversion
modeled by SEIRA MASUO

　　"MS-006A1 Z Plus"是由加藤一设计的MS，于《敢达前哨战》中登场后终于在《机动战士敢达UC》episode7登场。实现众望所归的HGUC套件化，引发热议一事还令人记忆犹新，并由模型范例升华为官方机体。其备受欢迎的秘诀是在以充满英雄气概的"MSZ-006 Z敢达"为基础机体的同时，更加强调航空机的侧面，使机体更加具有真实感。在Z Plus发表后，低可视型范例已成为Z系机体的惯例，本书也收录了木村直贵制作的"LGZ-91N1 闪电敢达（低可视型）"。

　　本文介绍的范例出自SEIRA MASUO之手，以HGUC Z Plus（UC Ver.）为基础机体制作的原创范例。模型主题是SEIRA MASUO范例的惯例主题之一——"Z时代的阿姆罗专用机"。据说已经存在阿姆罗·雷驾驶过的测试机配色机体，但本次的范例将迪杰的配色定义为Z时代的阿姆罗代表色，并在经过一些独创的改装后才最终完成。该范例或许只是一款令人感叹"哪儿有这种机体"而一笑而过的奇特范例，但也可以说是对机体印象进行逆向思考后制作出的极具独创性的机体吧。

CUSTOMIZED BASE MODEL

HGUC
MSZ-006A1 Z Plus
（UC Ver.）
●发售商/BANDAI　HOBBY事业部●2400日元，发售中●1：144，约13cm●塑胶套件

BANDAI 1：144比例 塑胶套件
"HGUC"
使用MSZ-006A1 Z Plus（UC Ver.）

MSZ-006A1
Z Plus
制作/SEIRA MASUO

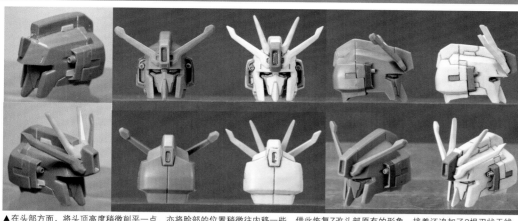

▲在头部方面，将头顶高度稍微削平一点，亦将脸部的位置稍微往内移一些，借此恢复Z改头部原有的形象。接着还追加了2根刃状天线，使其轮廓能有所变化。

▶在身体方面，除了为其整体追加细部结构之外，还在头部后方的装甲板内侧追加了凹凸的结构，以及驾驶舱盖上方追加骨架状的细部结构等修饰，借此进一步提升立体感。

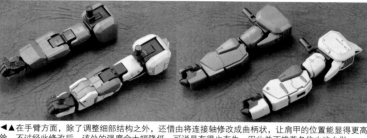

◀◀在手臂方面，除了调整细部结构之外，还借由将连接轴修改成曲柄状，让肩甲的位置能显得更高耸。不过经此修改后，该处的强度会大幅降低，可说是有得也有失，因此并不推荐各位也这么做。

▲背部装甲和机翼都追加"MASUO风格细部装饰"，将涂装变更为以蓝色为基调，借此使人印象深刻，并提高视觉效果。

▲▶在腿部方面，于小腿外侧追加了IWSP的主推进器组件。不过光是如此还是显得很明显，因此又用渣古Ⅱ06R的零件等材料稍加修饰，为该增装组件营造出宇宙世纪机体的风格。

REAR

SIDE

FRONT

◀▲在腰部光束加农炮方面，将其炮管改以双X敢达的炮管零件进行加工，让该成为尺寸较大的方四方体，借此改变武器给人的印象。

▼给人截然不同印象的护盾。其前端是借由加装GP01核心战机的机首，以及盖布兰的帽檐等零件加工所成，它的整体形象也因此有了大幅改变。

▼为其光束步枪适度添加细部结构，并且借由分色涂装来提升立体感。

▲加了看起来能提升机动性的零件，在改造上来说相对比较收敛。制作过程中的状态。除了细部造型的调整之外，还追加了看起来能提升机动性的零件。

组合多个套件的零件时的注意事项是什么？《番外篇》

混合组装有多种多样的方法，相信各位也在本书的解说中接触了不少，但能够相对保持良好比例的方法是"在极少部分追加零件"。就本范例来说，是在属于宇宙世纪世界观的Z Plus上组装其他世界观的套件零件，这种方法的优点是，只要不是改变机体轮廓的大幅变化，组装后就不会有太大的违和感。如果希望稳定性更强的话，可以组装同样世界观（本范例使用的是高机动型渣古的零件）的套件零件。特别是护盾上的追加零件尤其明显。在制作属于自己的帅气敢达模型时，加入一些"小小的共通项"也是一种重要手法。

BANDAI 1：144比例 塑胶套件
"HGUC"
使用MSZ-006A1 Z Plus（UC Ver.）

MSZ-006A1 Z Plus
制作・文/SEIRA MASUO

■总觉得颜色似乎不对劲

这是按照个人喜好在本次推出了阿姆罗专用机的SEIRA MASUO。多年来默默期盼这款HGUC版套件问世的玩家肯定不在少数，它也确实制作得极为精湛，虽然我起初也想过只要更换配色就好，不过难得有这个机会，因此我做好了会被大家痛骂的心理准备，打算做出一架近乎变态的阿姆罗规格机体。于是也就按照

惯例找了一堆沿用零件来拼装搭配一番。

■总觉得造型似乎也不对劲（只有一点点啦）

经过追加零件与更动之处只有护盾、腰部光束加农炮，以及腿部侧面推进器而已。护盾是借由粘贴GP01核心战机的机首、盖布兰的帽檐来表现传感器经过了强化。为了让光束加农炮看起来更具威力，因此将其炮管换成了双X敢达的双管卫星加农炮。至于腿部推进器则是直接粘贴取自HG版嫣红攻击敢达和IWSP装备的零件，并且追加了副翼和取自渣古II 06R的细部结构。

为了让轮廓有所变化，因此利用了胸部为独立零件的设计，让其角度能更往上仰一些。肩关节轴亦修改成曲柄状，使肩甲的位置能更

为高耸。不过原有头部零件似乎欠缺了点Z改的韵味，于是便将较偏Z敢达风格的头冠给稍微削平一点，营造出像Z改头冠一样较扁平细长的形象。接着还将脸部的位置往内移，以及追加了2根刃状天线。

■还请各位一笑置之

总觉得采用Re-GZ配色的做法似曾相识，可是我应该没有那么喜欢这种配色啊，但仔细回想起来，我在制作巴乌Z改和里泽尔特装型时已经用过这个点子啦。（汗）虽然Z改阿姆罗座机应该是橙白双色搭配才对，不过这种配色也可以象征它区别于上次的迪杰，以及日后的Re-GZ之间，有着承先启后的味道，其实颇有意思的呢。

▲▶由于修改了肩关节轴的位置，导致无法直接组装原有的战机用零件，因此必须先将该零件会造成干涉的部位挖穿才能顺利组装起来。至于其他部位的变形机构则是几乎都维持套件原样。追加机首和腿部推进器，其视觉效果更是提高了。

▲制作过程中状态与套件素组状态（左）的比较。为了凸显出它仍是Z改的定位，因此并未施加过度的修饰，仅针对令人印象较深之处施加改装和更换配色来营造出原创感。配色请参照内文。

▲虽然变更了肩部的可动轴，基本上还是使用套件的可动结构，所以摆出动作效果有些困难。

浓缩机体概念，将机体升华为全新的升级形态！

GAT-X105E
STRIKE NOIR GUNDAM CUSTOM

BANDAI 1:144 scale plastic kit
"High Grade" GAT-X105E STRIKE NOIR GUNDAM conversion
modeled by SEIRA MASUO

OVA《机动战士敢达SEED C.E.73-STARGAZER-》中登场的"GAT-X105E 漆黑强袭敢达"是以强袭敢达为基础进行特装改造的机体，其驾驶员是主角史温·巴尔·卡扬。不同于正统派敢达的强袭敢达空战型，漆黑强袭以黑色为基调的锋锐轮廓充满了黑暗英雄的帅气，目前已发售HG套件和MG套件。在模型发展方面可以说是实实在在的主角机体。之后，各种媒体相继发布了以强袭敢达为基础产生的众多衍生机，而在《敢达创战者》中，原创改装敢达模型"GAT-X105B 创制强袭敢达"更是担任了主角一职，HGCE空战型强袭敢达也作为衍生机全新发售。可以说是敢达模型史上最重要的机体。

SEIRA MASUO制作的"GAT-X105E 漆黑强袭敢达改"是由漆黑强袭和HG敢达AGE-3轨道型组装而成的高机动特装机，可以说是只有敢达模型才能重现出的强袭姿态之一。

BANDAI 1：144比例 塑胶套件
"HG敢达SEED" GAT-X105E 漆黑强袭敢达 改造
GAT-X105E 漆黑强袭敢达改
制作/SEIRA MASUO

CUSTOMIZED BASE MODEL

HG GAT-X105E 漆黑强袭敢达
●发售商/BANDAI HOBBY事业部 ●1500日元，发售中 ●1：144，约13cm ●塑胶套件

STRIKE NOIR GUNDAM

▼▶头部是稍微对面部进行削减，上移面部，增宽头盔的连接面。将面部的位置改造得相对更深一些。各部位都稍微进行了一下细部造型修饰。胸部主要追加了MASUO细部造型。整体面构成显得更加轮廓分明。

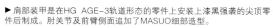

▶肩部装甲是在HG AGE-3轨道形态的零件上安装上漆黑强袭的尖顶零件后制成。肘关节及前臂侧面追加了MASUO细部造型。

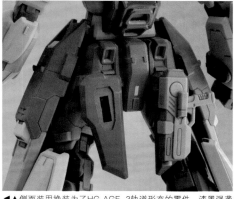
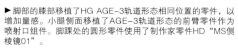

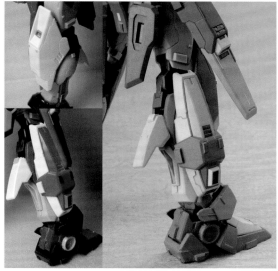

◀▲侧面装甲换装为了HG AGE-3轨道形态的零件。漆黑强袭的侧面装甲安装到了后裙甲下端，保留了其作为枪套的功能。

▶脚部的膝部移植了HG AGE-3轨道形态相同位置的零件，以增加量感。小腿侧面移植了AGE-3轨道形态的前臂零件作为喷射口组件。脚踝处的圆形零件使用了制作家零件HD"MS侧棱镜01"。

REAR

SIDE

FRONT

▲▲漆黑攻击装备改造为了成为垂直尾翼状。缩短了线性枪和本体，在各部位配置了MASUO细部造型，调整了整体比例。

▼▶制作过程中的状态与套件素组（左）进行比较。主要工作是通过增加脚部和肩部的量感来适当改变机体轮廓，同时对各部位进行加工和追加MASUO细部造型。

BANDAI 1：144比例 塑胶套件
"HG 敢达SEED"
GAT-X105E 漆黑强袭敢达 改造

GAT-X105E
漆黑强袭敢达改

制作·文/SEIRA MASUO

■依然是跟不上时代节奏的套件

每次出了RG强袭之类的新套件时都经常会做漆黑强袭的范例，但这些都不是主要原因，我制作这例范例的动机只是单纯"想做HG漆黑强袭"而已。

■重要的妄想TIME

漆黑强袭的特长是近战，为了保留近战所需的敏捷性，并进一步提高机体运动性能，我

试着增强了机体推进力。增设喷射器而导致机体重量增加，这一问题则通过设置于各部位的小型喷嘴来弥补，这样一来就能在保证漆黑强袭原本的机动性的前提下大幅增强推进力，以上就是我的妄想内容。

■AGE系套件的禁断活用法

本次各部位的喷射器零件都沿用自HG敢达AGE系列和HG敢达AGE-3轨道形态的套件零件（这套套件喷射器超多、超好用）。肩部装甲、腰部侧裙甲、膝部装甲直接沿用AGE-3轨道形态的同位置零件。脚部侧面安装了AGE-3轨道形态的臂部装甲。除此之外，漆黑强袭本体的改造主要集中在头部和漆黑攻击装备上，头部是对面部进行了一些削减后上移了面部的

位置，并在连接处增宽了头盔。漆黑攻击装备则是缩短了线性枪和本体。光束刃保持原状，并使其轮廓更加清晰。然后用腰部侧裙甲覆盖后裙甲，再将膝部关节替换为日文版《HJ》2012年4月号附录的改造套件的零件以增长脚部，这样就大功告成了。

■平成的人气帅哥

从投稿时代的收藏系列开始就一直在制作MG、RG的强袭敢达范例，而与其同一系列的漆黑强袭也制作了MG和这次的HG范例。就我个人而言，这是我制作得最多的敢达。各位不妨也制作出历代强袭敢达，通过比较历代机体来切实感受敢达模型的进化，这样应该也是一种乐趣吧。我们下次再见。

组合多个套件的零件时的注意事项是什么？《高级篇》

在混合组装制作中最需要攻克的问题应该是"每种零件的线条设计不一"吧。即使想用喜欢的零件组装出原创敢达模型，但有时世界观的差异却会使零件设计相冲突，进而产生违和感。本范例使用了大量敢达AGE-3轨道型的零件，在表现出独创性的同时又最大限度地保留了漆黑强袭的魅力，将"MASUO细部造型"作为个人特色融入模型中，使完成后的模型轮廓极具统一感。作为一例模型范例而完成的"玩具"也可因为这样的技巧而显得更加具有魅力。

▲虽然各部位都增设了喷射口，但关节可动范围几乎保持套件原来的水准。由于是一款可动性极高的套件，因此各种生动的动作都可轻易摆出。

保持原有轮廓，仅利用添加细部装饰
来制作出拥有独创风格的模型！

BG-011B
BUILD BURNING GUNDAM

BANDAI 1:144 scale plastic kit "HG BUILD FIGHTERS"
modeled by SEIRA MASUO

　　《敢达创战者TRY》套件系列的首作正是主角敢达模型"创制燃焰敢达"。如同创制燃焰敢达在剧中能充分展现出神木世海这位次元霸王流拳法高手所施展的招式，这款实际套件也将设计重点放在能灵活摆出各种深具爆发力的姿势上。在这件由MASUO担纲制作的范例中，他以充分发挥前述特质和套件本身的完成度为优先，并且以几个较为简洁的部位为中心，追加了基于MASUO个人独创设计感配置所成的原创修饰"MASUO风格细部结构"。对于想要替创制燃焰敢达和TRY燃焰敢达营造出个人风格的玩家来说，这件范例追加细部结构时所展现的独特韵味会是绝佳参考。

CUSTOMIZED BASE MODEL

BANDAI 1：144比例 塑胶套件
"HGBF"

BG-011B
创制燃焰敢达
制作／**SEIRA MASUO**

HGBF 创制燃焰敢达
●发售商/BANDAI HOBBY事业部●1400日元，发售中●1：144，约13cm●塑胶套件

◀▲头部显得简洁了些,于是为刃状天线粘贴框架号码牌,借此经由削磨凸显出立体感。接着在额部中央设置区块状结构,并且将其下缘的线条修改成三段式,使该处能更为凹凸分明。此外,还在侧头部散热槽上追加了凸起状结构,使其正面的轮廓能更具立体感。

▲▲在身体顶面追加《敢达创战者》作品中的六角形设计,这也是M－ASUO所经手的《创战者》系列范例中刻意营造的共通细部结构。至于散热槽则是在中央设置了隔板,借此改变该处给人的印象。与套件素组状态相比较后,即可明确看出各部位有何改变。

▼▶腰部基本上维持原有造型,仅追加了"MASUO风格细部结构"。这部分是以边缘为中心追加梯形(六角形)结构,以及具有共通性的细部结构所成。而且设置这些细部结构时也将一路延伸至腿部的设计感纳入考虑中,这方面也相当值得注目。

▲在推进背包的边缘设置凸起状结构,并追加由该处延伸出去的刻线,借此营造出增设了组件的错觉,使这部分的线条显得更为凹凸分明。

▲▶在手臂方面,于肩甲顶面设置剩余零件,借此与原本以曲面为主体的构成营造出相反气氛之余,还在其内面设置了圆形传感器风格的细部结构。接着更以边缘和外侧为中心设置了六角形结构,使其外观和其他部位能更具整体感。

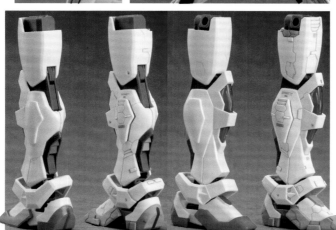

▲▶在腿部的内外两侧设置大型沟槽,凸显出该处具有高度强制散热能力的形象。脚掌处也大量追加了六角形结构,借此在维持原有轮廓的情况下,利用细部结构改变该处给人的印象。

▲虽然其关节机构完全未经修改,不过拜原套件具备超越既有范畴的可动性所赐,要摆出各种动作姿势都是轻而易举。

以细节概念表明作品基准

正如本文中也有提到，本范例在制作时刻意使用了大量"六角细部造型"。这是引用了《敢达创战者》的标题LOGO和六角形对战场地给人的印象。其他基本与以往的MASUO细部造型相同，但这些"六角细部造型"增强了作品给人的印象，可以说是一个"身边处处都有可用道具"的好例子吧。

▲只要替换组装零件即可重现燃烧模式。

▶即使是燃烧模式也能充分发挥原有的可动性。拜套件本身可动性和充满必杀技感的特效零件所赐，要摆出超具爆发力的姿势也不成问题。

BANDAI 1：144比例 塑胶套件
"HGBF"

BG-011B
创制燃烧敢达

制作·文/SEIRA MASUO

■尊重套件原有的出色设计

各位好，我是SEIRA MASUO。

我先试着将套件组装起来看看，结果完成后令人大吃一惊！这根本已经达到完美的境界

了嘛！它具备了着重于可动性而焕然一新的上半身构成，零件的分割设计也相当细腻，就连各式手掌零件也制作得相当讲究。我并未对主体施加修改，而是靠着追加细部结构来一决胜负。

■六角形细部结构

值得我个人庆幸的是，其表面细部结构相对地较为简洁，于是我便以个人认定的创战者系列必备"六角形细部结构"为中心，为其全身各处添加细部修饰。接着还替施展拳打脚踢

之际会产生特效的手臂和腿部追加了许多沟槽，象征该处设有冷却装置。也就是试着只靠追加细部结构来改变整体给人的印象。涂装方面也按照惯例用水性亚克力漆笔涂上色。配色基本上是以设定为准，不过红色采用了深浅两种色调。白色与灰色处则是保留了零件成型色。

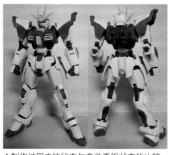

▲制作过程中的状态与套件素组状态的比较。由于这款套件本身具有超群的可动性，因此在制作上是以追加MASUO风格细部结构为主。附带一提，细部结构以外的部位选用了浅红色来涂装，借此在视觉上营造出变化。

REAR

SIDE

FRONT

对将来有益的改装基础训练

　　敢达模型每月都发售众多新商品，作为角色周边塑胶套件来说，敢达模型拥有引以为傲的丰富商品数量。继之前的《炎之敢达模型教科书》后，本书也根据自己的意见和喜好从众多名作中选取了一部分，即使被人问起"凭什么选它？"，也能充满自信地向各位介绍选取的每一例敢达模型。除此之外，切切实实成为原创敢达模型制作动力的"HG制作改装零件"系列，本书也将介绍2014年5月以后发售的商品。当你犹豫时不如先下手，买了绝对没有坏处的"力荐的原创敢达模型的基础机体"都将在这里为各位介绍！

HG敢达模型和HG 制作改装超列传

HGBF闪电敢达（1600日元）
HGUC Z II（2400日元）
HGUC δ敢达改（2600日元）

　　"闪电敢达"以《机动战士敢达 逆袭的夏亚》中登场的"RGZ-91 Re-GZ"为基础，同时其锋锐的设计又仿佛回归了始祖Z敢达。该机体外形"平坦"，全身各处设置的机外兵器架也使其非常适合作为改装时的基础机体。同系列的Z II拥有丰富的武器和以独特变形机构为特征的零件，而δ敢达改的特征则是白色基调的配色，对于涂装派来说具有非常宝贵的机体构成。如果考虑制作原创Z系改装机的话，强烈推荐这3款商品。

HGBF 惊异能天使敢达（1800日元）
HG 雪崩能天使DASH（2000日元）
HG 异端敢达TYPE-F（1800日元）

　　在作为原点的《机动战士敢达00》中，能天使敢达的众多衍生机都相继得以实现套件化，其改装机也在《敢达创造者》中发挥了重要作用。这款"惊异能天使敢达"不仅新模零件众多，更装备有TRANS-AM加速器等，堪称最适合用于原创敢达模型基础的机体。各位不妨试充分利用共通规格对各个零件进行替换，也可以尝试移植雪崩能天使的装备，或者借用异端敢达丰富的武器。还可以使用具有黑暗英雄性质的"暗物质能天使敢达"（1800日元）。

HGBF 高性能蒙克（800日元）

　　在本书中也有各种原创改装机登场的"高性能蒙克"。机体设计"素"到极致，堪称百搭。全身总计设有16处机外兵器架，不用进行加工即可装备各种零件，这就是高性能蒙克最大的特征，并且每套800日元的低价打破了近年来的HG套件最低价格，这一点也很有吸引力。可以用手里的剩余零件和3mm球形关节组合，进行简单的改装，也可以将其作为基础机体测试体，对细部造型及武器等进行更加细致的原创改装。其用途可以说是无穷无尽。而且还能使用1∶100比例的零件。

HGBF 熊霸F
（1800日元）

　　"熊霸F"是前作《敢达创战者》中登场的"熊霸III"的衍生套件，成型色调整为了白色基调，更易于涂装。要切割小熊有点于心不忍啊……对动物有怜悯之心的模型玩家大可挑战简易涂装。不如试试不同以往的鲜艳配色？该套件没有了蝴蝶结攻击背包，取而代之的是"小熊"，即使单独展示也非常可爱，各位可以试试原创组合哦KUMA。

HGUC 银弹（2200日元）
HGUC 杜班乌尔夫（2200日元）

　　新吉翁军的准精神感应兵器搭载型MS"AMX-014 杜班乌尔夫"及以该机体为基础改造而成的"ARX-014 银弹"，因此即使是从设定上的这一观点来看，该机体对于联邦和吉翁二者的改装机来说都可适用。套件包含根据机体规格而略有不同的可选武器、以及满载武器的推进背包、有线/无线式光束手、隐藏臂等，即使只看套件单体，也可以说这是一套作为改装机基础机体的优秀套件。而且最重要的是外观看起来就很强！

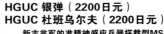

本书中刊登的价格均为不含税价格。本书中的情报更新于2015年2月。

"HG 制作改装零件"零件

HGBC 骷髅武器（800日元）

海盗武器与可动式喷射器收纳夹成套的武器套装系制作改装零件"骷髅武器"。武器及护盾上刻有骷髅图案，可将任何机体改造为海盗规格。附带辅助臂，各零件可合体后成为独立的飞行机械。S号的高精细握拳零件也附于套装内很值得瞩目。

HGBC 火神型扩充武器背包（800日元）

独立重武器支援机"火神型扩充武器背包"可装备于另售的HGUC强人上，重现"强人火神炮"，可以说是制作改装零件中的特殊商品。与吉翁系MS改装机，特别是大魔和兹达等与强人同样出自兹玛德公司的MS具有很高的适配性。也可与同系列的惊异加速器组合制成最强的吉翁系MS。

HGBC 战略武器包强化组件（600日元）

"战略武器包强化组件"套装内包含有与HGBF强化型吉姆卡迪甘共通的武器以及新模收纳式加特林枪、韧性臂。该商品的精髓在于无论设计性还是功能性都非常实用的机械臂，即使这么说也并不为过。根据这支具有多种用途的机械臂的用法，改装机的外观也会大不相同。

HGBC 闪电背部武器系统（800日元）

与另售的HGBF闪电敢达合体后可重现出全装备形态的独立机械系制作改装零件"闪电背部武器系统"。形状上与Z敢达机体的适配性比较高，但相比装备于具有可变机构的机体上，将其装备在不具有可变机构的机体上使机体具有飞行能力，这种方法也是原创改装机的一种乐趣吧。

HGBC Ez-ARMS（600日元）

"Ez-ARMS"套装内包含可用于HGBF敢达Ez-SR的180mm加农炮、导弹发射器、推进背包、加速器组件、以及护指器。每种零件的设计都很简洁，可与任何机体进行搭配。特别是一年战争期的机体，无论是联邦还是吉翁的机体适配性都非常高。

HGBC 重战车（600日元）

由HGBF百万式的推进背包独立制成的"重战车"。可成为推进背包、武器还可成为支援机，是一款万能机械。主要成型色不同于百万式附带零件的蓝色，而是采用了浅灰色，涂装时能轻松不少，对于涂装派来说是一款宝贝商品。

HGBC 红武器（600日元）

HGBF红战士名人改附带的武器单独发售了武器套装"红武器"。套装内武器种类丰富，还可将各种武器相互组装在一起。零件设计比较平坦，很难选择其他可装备的机体，但浪漫主义玩家可以试试与第三代川口名人（结城达也）使用的其他机体组合，这样或许也不错哦。

HGBC 蒙克军武套装（600日元）

虽说是"蒙克军武套装"，但替换握柄后可装备于1：144比例和1：100比例两种套件上。附带"素头"，可安装于另售的高性能蒙克，以重现剧中登场的机体、甚至与原创改装机，各位可用它来挑战各种蒙克改装机。

 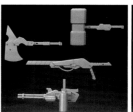 

HGBC闪电背部武器系统Mk-II（800日元）

"闪电背部武器系统Mk-II"与另售的HGBF闪电敢达组合后可重现闪电敢达全方位推进型。推荐用于外形更有宇航战斗机风格，并通过追加光束加农炮和可动式推进器来提升火力和机动性的改装机。

HGBC 恶兆飞行器（600日元）

本体核心部分有各种大小不一的机翼的鸟型飞行机械"恶兆飞行器"。可利用附带的连接零件将整个飞行器安装在机体背面，也可以利用3mm连接轴将机翼装备于全身各处。"想走科幻路线"的玩家一定不容错过！

【后记】

大家感觉怎么样?

有没有特别想要制作点儿什么呢?

如果本书能够成为各位在制作模型时的参考,我们将不胜荣幸。

不要惧怕失败,制作更多的模型来提高自己的水平吧!

相信您一定会制作比本书中模型师制作的作品更酷的模型作品!

不过,制作模型时一定要注意通风和不要受伤哟!

可不要糟蹋了这难得的快乐时光啊。

更加自由、更加快乐,让我们一起来制作敢达模型吧!

JUN Ⅲ

GUNDAM BUILD FIGHTERS
HONOO-NO GUNPLA KYOUKASYO TRY

敢达创战者
炎之敢达模型制作指南 TRY

封面模型
BANDAI 1:144比例 塑胶套件
"HG"版
BG-011B 创制燃焰敢达
制作/SEIRA MASUO
摄影/本松昭茂(STUDIO R)
设计/广井一夫(WIDE)

[STAFF]

MODEL WORKS
伊藤大介藏 Daisukezou ITO
上原みゆき Miyuki UEHARA
冈村征尔 Seiji OKAMURA
おれんぢえびす ORANGE-EBISU
坂井晃 Akira SAKAI
更井广志(first Age) Hiroshi SARAI
JUN Ⅲ
セイラマスオ SEIRA MASUO
高桥里仁 Rijin TAKAHASHI
六笠胜弘 Katsuhiro MUKASA
林哲平 Teppei HAYASHI
バンダイホビー事业部担当I BANDAI HOBBY Department I
矢口英贵 Hidetaka YAGUCHI

PHOTOGRAPHERS
本松昭茂 Akishige HOMMATSU(STUDIO R)
河桥将贵 Masataka KAWAHASHI(STUDIO R)
高屋洋介 Hiroyuki TAKAYA(STUDIO R)
STUDIO R

ART WORKS
广井一夫 Kazuo HIROI[WIDE]
铃木光晴 Mitsuharu SUZUKI[WIDE]
三户秀一 Syuichi SANNOHE[WIDE]

MODEL WORKS ADVISER
JUN Ⅲ

EDITOR
冈村征尔 Seiji OKAMURA
矢口英贵 Hidetaka YAGUCHI
伊藤大介 Daisuke ITO

图字:07-2015-4559

图书在版编目(CIP)数据

敢达创战者 炎之敢达模型制作指南TRY / 日本HOBBY
JAPAN CO.,LTD.著;刘雯等译. -- 长春:吉林美术出
版社, 2016.6
ISBN 978-7-5575-1131-9

Ⅰ.①敢… Ⅱ.①日… ②L… ③刘… Ⅲ.①玩具-
模型-制作-日本 Ⅳ.①TS958.06

中国版本图书馆CIP数据核字(2016)第099717号

敢达创战者 炎之敢达模型制作指南TRY

原作品名:ガンダムビルドファイターズ
炎のガンプラ教科書トライ

译　　者:刘雯、张尤君

责任编辑:刘璐、刘雯、李冬

技术编辑:郭秋来

设计制作:刘淼

出　　版:吉林美术出版社

　　　　　(长春市人民大街4646号)

发　　行:吉林美术出版社

　　　　　www.jlmspress.com

印　　刷:吉广控股有限公司

版　　次:2016年6月第1版　2016年6月第1次印刷

开　　本:890mm×1240mm　1/16

印　　张:6

印　　数:1-5000册

书　　号:ISBN 978-7-5575-1131-9

定　　价:42.00元